普天之下・盡是好書

普天出版家族
Popular Press Family

凌雲文創
A-Plus Creative Company

活學活用孫子兵法

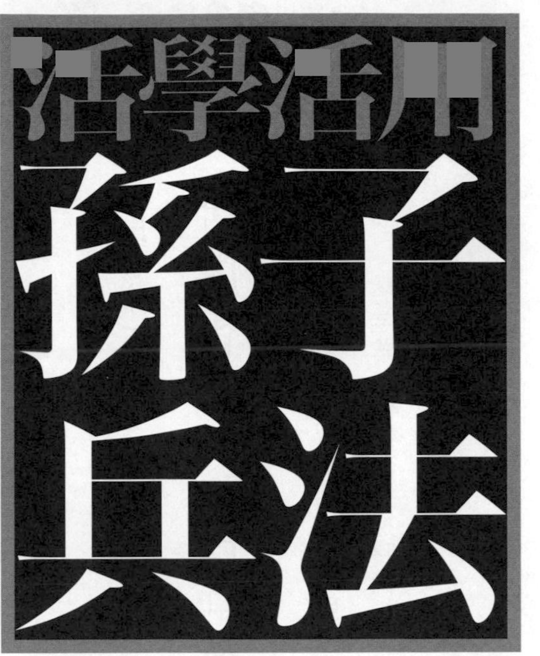

活用智慧，才能為自己創造更多機會

王照 —— 編著

The Art of War

全集

《戰爭論》作者克勞塞維茨曾說：

任何一次出其不意的攻擊，都是以詭詐為基礎。

的確，活用智慧，才能為自己創造更多機會，想在人性戰場上克敵制勝，「詭詐」絕對是你必須具備的人性潛技巧。《孫子兵法》也強調「出奇制勝」，因為與競爭對手正面衝突，必然會造成自己的損傷，必須根據不同的情勢靈活運用智謀，出其不意、攻其不備，才能為自己創造更多機會，以最小的代價獲取最大的利益。

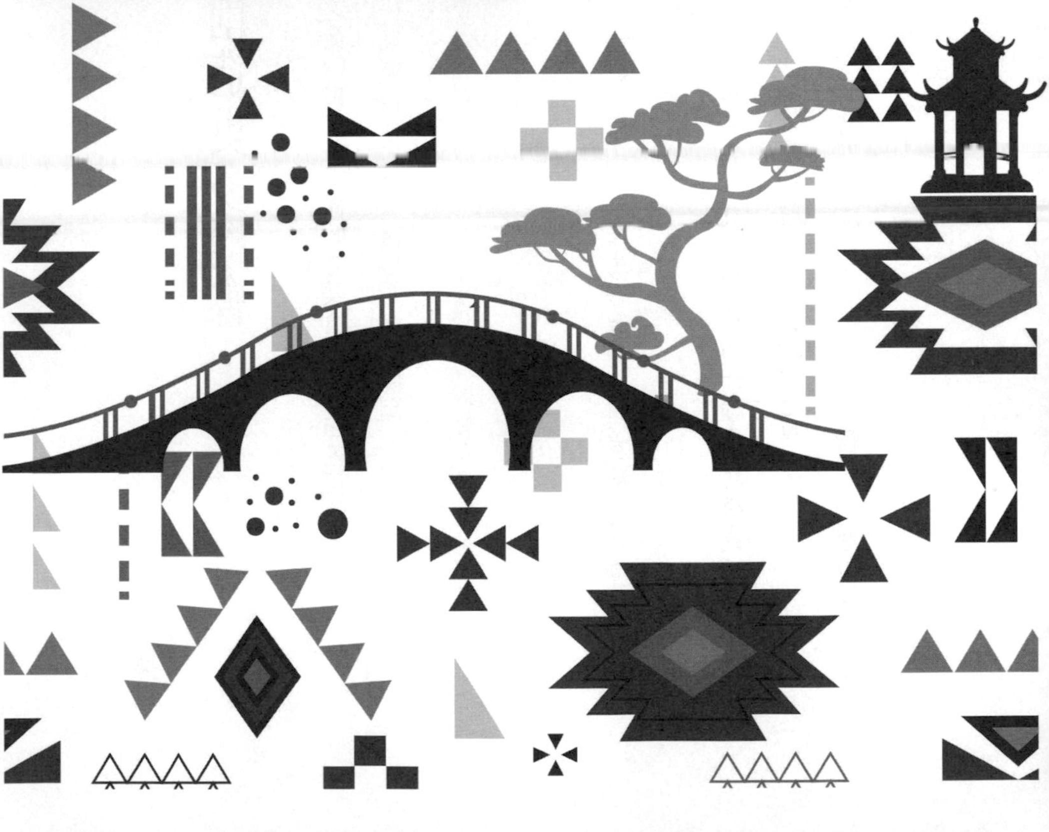

【出版序】

活用智慧，為自己創造更多機會

．王　照

從來沒有一個世紀是愚騃無知之徒的世紀——他們充其量不過是任由豺狼宰割的羔羊；他們想擁抱時代，時代卻無情地吞噬、遺棄、嘲弄他們。

想在競爭激烈的現實社會存活，你必須學會一些生存智慧；想在M型社會出人頭地，你更需要一些厚黑心機。

就本質來說，智慧和厚黑的內容是相同的，只不過是同一種應對模式的正反說法，岳飛用的時候，我們稱之為智慧，秦檜用的時候，我們叫它厚黑。

古往今來的歷史經驗與生活教訓告訴我們：成功的秘訣就是智慧。唯有智慧才能使人脫胎換骨，也唯有智慧才能改變人生！

諸葛孔明向來被視爲智慧的化身，英姿煥發，才智溢於言表，手執羽扇頭戴綸巾，談笑間敵艣灰飛煙滅，何其瀟灑自如！他靠的是什麼？答案是智慧。

《西遊記》中的齊天大聖孫悟空護送唐僧前去西天取經，歷經九九八十一難，上天入地，翻江倒海，橫掃邪魔，滅盡妖孽，何其威風暢快，激動人心！貫穿整部《西遊記》的是什麼？答案還是智慧。

許多世界知名將領身經百戰，洞察敵謀，所向披靡，締造一頁頁傳奇。他們何以能叱吒風雲，在險惡的戰場屢建奇功？靠的還是鬥智不鬥力的智慧。

拿破崙橫掃歐洲大陸，如入無人之境；愛迪生一生發明無人能出其右，廣爲世人稱道，原因都在於他們懂得搭建通向成功的橋樑，擁有打開智慧寶庫的鑰匙。

當你前途茫茫、命運乖舛，輾轉反側卻不得超脫的時候，你需要智慧；當你面臨群丑環伺，想要擺脫小人糾纏之時，你需要智慧。

在你身陷絕境，甚至大禍迫在眉睫之際，想要化險爲夷、反敗爲勝，你需要智慧；在你萬事俱備只欠東風的時候，如何把握機稍縱即逝的良機，你需要智慧。

在你身處險境、危機四伏時，想躲避來自四面八方的暗箭，你需要智慧；在你春風得意馬蹄疾揚的時候，如何不致中箭落馬，更需要智慧。

在十倍速變化的新世紀裡，古人所說的「離散圓缺應有時，各領風騷數百年」景況將不復出現，一個人的影響力、穿透力至多只能維持數十年。

過去，曾經有翹首企盼新世紀到來的人，大言不慚地說：「二十一世紀將是屬於我們的世紀。」這種想法是嚴重錯誤的，因爲，二十一世紀並不必然屬於世界的每一個人——它只屬於少數具有智慧的人。

我們當中，只有極少部分的人能靠著智慧和不斷自我砥礪，而獲得通往成功的通行證，絕大多數的人都將繼續在失敗的泥沼中跋涉，最後慘遭時代呑噬。

更殘酷地說，從來沒有一個世紀是愚騃無知之徒的世紀——他們充其量不過是歷史煙塵中庸碌的過客，或者任由豺狼宰割的羔羊；他們想擁抱時代，時代卻無情地呑噬、遺棄、嘲弄他們。

無疑的，二十一世紀是智者通贏的世紀，我們既面臨空前無情的挑戰，同時也面臨曠世難遇的機遇。

失意、落敗、悲哀無可避免地會降臨在那些愚騃懵懂、懦弱無能的人身上，這

些人將成爲時代的棄兒，被遺棄在歷史的垃圾堆。

成功的機遇則會擁抱那些充滿智慧、行事敏捷、勇於進取的人；唯有這些人方能成爲時代的驕子，分享新世紀的光輝和榮耀。

洛克維克曾經寫道：「狼有時候也會保護羊，不過那只是為了便於自己吃羊。」

在這個誰低下脖子，誰就會被人當馬騎的年代裡，如果想要生存下去，就要具備厚黑的智慧，既要通曉人性的各種弱點，又要懂得運用爲人處世的技巧。

本書《活學活用孫子兵法全集》要教導讀者的，就是在人性叢林中成功致勝的修身大法。

內容包含兩個層面，一是自我素質的快速提昇，透過吸收書中列舉的借鏡與知識，累聚各式各樣必備的智慧，增進自身的涵養；一是徹底摸清人性，修習爲人處世的技巧，運用機智、適當的手腕，適時發揮本身所具備的才能。

這兩者正是獲得成功的最重要因素，也是決定性的因素。

如果你不想淪爲時代的棄兒，如果你不想繼續在失敗的泥沼中寸步難行，那麼，本書無疑將是你不可或缺的人生重要讀本。

02. 運用心理戰術改變對方的意志

人們很容易下意識地相信「正式書信」，充分利用這種心理使人們相信他們看到的資訊，就能使事情發展有利於自己。

03. 掌握趨勢就能掌控情勢

先見之明的人並不是有什麼超能力，而是由於這些人經常努力學習，知識淵博，因而才會有先見之明。

04. 摸清對手的實力，才能發動攻擊

要想成功，就要勇於挑戰，然而，並不是魯莽地胡亂挑戰就能成功，只有對手力量微弱的時候，才是最好時機。

05. 對關鍵人物發動攻勢

無論怎樣的組織，必定會有掌握組織大事的重要人物。因此，交涉時，直接對付重要人物是非常重要的一點。

06.

釜底抽薪，才能底消滅敵人

人際關係既有友善的一面，還有險惡的一面。想要排除險惡，不妨運用「釜底抽薪」的計策，戰勝給你帶來險惡的人。

07. 深謀遠慮才不會坐以待斃

美國前總統甘迺迪在某次演說時強調：「變化是生命的規律。只面向過去或現在的人，必然會失去將來。」

08. 收買人心是成功的不二法門

若上司只是平常擺擺架子，那還算不上壞，最糟糕的是有些上司非但不為部屬謀福利，還爭功奪利，硬把部屬的功績佔為己有。

09. 陷入困境，也可以反敗為勝

面對進退維谷的困難情況，既不能躁進，也不能逃避，而是需要更多的信心、勇氣與智慧，只要堅持到底，就一定可以獲得成功。

10. 敵人太過強大，就要設法套殺

許多人總是認為設下圈套打擊敵人是卑劣的手段。但是在慘烈的商業競爭中，只要不違法，無論使用什麼招數取勝都是理所當然的。

11. 運用慣性製造對手的惰性

慣性會造成惰性，進而降低緊急應變的能力，因此，讓敵人形成某種「習慣」，也是促使敵人犯下錯誤的手段。

12. 示弱，是為了達成自己想要的效果

先示弱，趁對方疏忽大意時再發揮出實力，達到目的的方法，經常運用在商場上的交涉。示弱，是為了達成自己想要的效果。

13. 用謀略讓對手知難而退

我們對於欺敵的謀略要仔細的規劃。什麼時候，什麼事情可以欺瞞對手，都要了然於心，並且確實了解欺瞞對手的後果。

PART. 01

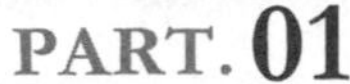

根據優勢 活用欺敵戰術

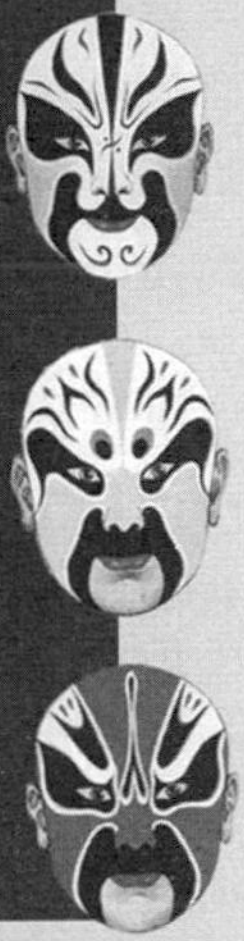

欺敵只是戰術運用時所施放的煙幕，應該利用自己的優勢打敗敵人，這才是鬥智智力之時的致勝之道。

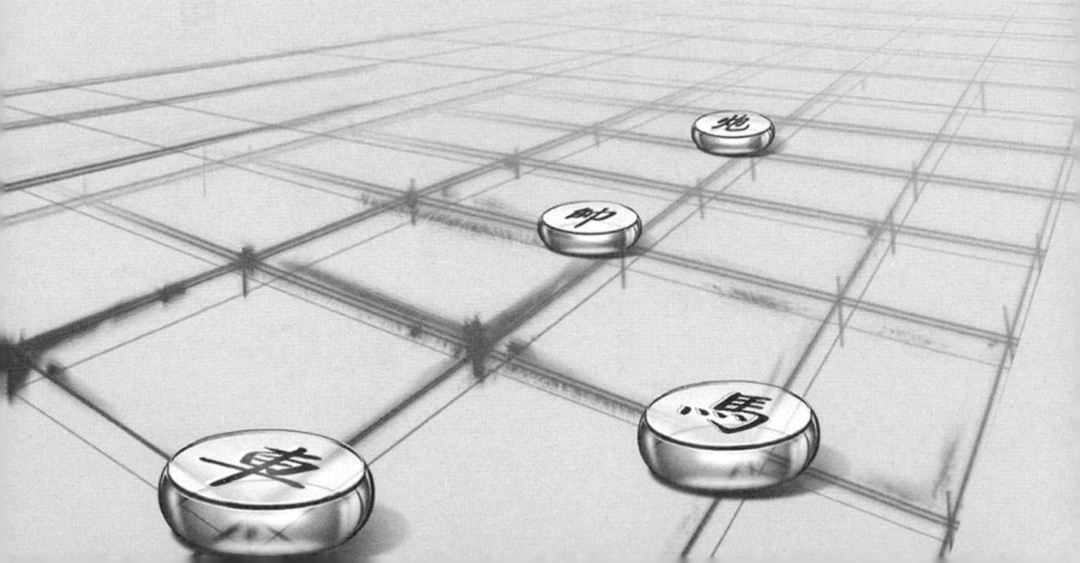

讓對方走上自己想要他走的道路

當你想要對方往你希望的方向走時，要先留一條「生路」給他，但是要注意，這條路必須是你想要對方走的路。

《孫子兵法．軍爭篇》說：「圍師必闕。」

「圍師必闕」是兩軍對陣時瓦解對方鬥志的一個重要的觀念，故意網開一面才能鬆懈敵人的心志、擾亂敵人的節奏，其中最重要的是「不可將敵人置於死地」，以免對方爲求一線生機而拚死抵抗，反而讓自己失去了已經到手的勝利。

東漢末期，將軍朱儁率領大軍討伐四處作亂的黃巾賊殘黨。

黃巾賊首腦韓忠據守宛城，提出投降，條件是要饒他一命。

參謀們請求朱儁接受韓忠的投降，朱儁卻反對：「韓忠見局勢有利就進攻，一旦情況危險就投降，讓這樣的人苟活於世對我軍來說極爲不利。」

因此，朱儁下令包圍宛城並且發動強烈的攻擊，然而無論怎樣都無法攻破宛城。朱儁登高觀察敵情後對參謀說：「我知道爲什麼攻城未能成功了。敵軍被嚴密地包圍著，眼看就要陷落了，因爲即使求降也無法存活，所以才拚命抵抗。一萬個人團結起來死命抵抗就不容易被攻破，更不用說十萬人了。所以，不如先將包圍的一部分兵力解除，再發動攻擊。韓忠一看到包圍出現缺口，必定會從那個缺口逃出，一旦逃出，原本團結一致的敵軍就崩散了，也就容易打敗了。」

說完，朱儁便撤離一部分包圍兵力，故意留下一個缺口，韓忠的部隊看到缺口，果然想從那裡竄逃。朱儁的軍隊趁機攻擊，終於大破韓忠的賊軍。

狗急會跳牆，人也一樣，要是被逼急了，就會拚命抵抗。

因此，當你想要對方往你希望的方向走時，就要先留一條「生路」給他，但是要注意，這條路必須是你想要對方走的路。

我們常常會看到，開會時或是交涉時，有人條理清晰地闡述自己的觀點，表現得咄咄逼人，甚至指摘別人的論點，不給對方反駁的餘地，試圖迫使對方認同自己的觀點，結果會如何呢？

這種做法一定會引起對方反感，即使當時勉強同意，後來也不願合作。

相反的，如果我們給對方發表意見的空間，肯定對方觀點可取的地方，對方一定也會放鬆心中的防備，不再頑強地對抗到底。

這時，我們才能趁機提出看法，用柔軟的態度引導對方，讓對方朝著我們設定的方向走，進而同意我們提出的意見。

由此可見，給足對方面子也是鬥智鬥力之時成功的訣竅之一。

效率決定市場佔有率

能比敵軍更早趕到戰場便能取得有利的位置，能比別家公司更快地提供商品，就能優先佔有市場，也就是說速度決定優勢。

《孫子兵法．軍爭篇》裡有一段話說：「迂其途，而誘之以利；後人發，先人至，此知迂直之計者也。」

意思是說用利益去誘惑敵人，讓他前進的路途變得曲折艱難，用速度的差異來鬆懈敵人的防備，而自己則利用時間差預先佈局，等待敵人到來，以準備萬全的軍隊，出其不意的攻打對手，這樣必定能取得勝利。

戰國時代，秦軍攻打韓國，準備進駐與城。趙國國力遠不及秦國，但趙王決定出兵援助韓國，並任命趙奢爲援軍的統帥。趙奢率軍隊從都城出發，才出都城不久便下令停止進軍，並下令：「在軍中說三道四、煽惑軍心的人將處以重刑。」

此刻，駐守韓國的秦軍正準備攻打武安。見到這個情況，便有人向趙奢建議援救武安，但趙奢不聽建言，反而立即處死此人。此後近一個月，趙奢只是鞏固陣地，完全沒有出兵援救韓國的意思。

就在這時，秦軍派來了一名密探，趙奢殷勤地招待他，並且讓他安全歸國了。

秦軍將軍聽了密探的報告，相當高興地說：「趙奢這傢伙毫無鬥志，看來與城已經是我們的囊中之物。」

誰知，趙奢放回密探後，立即下令全軍晝夜兼行趕到與城附近埋伏。

秦軍逼近時才發現狀況不對，慌忙應戰，但因趙軍已經先在有利之處佈好陣形，結果秦軍大敗，只得撤退回國。

唐朝名將李靖說「兵貴神速」，這個道理古今皆然。能比敵軍更早趕到戰場，就能取得有利的位置，能比別家公司更快推出商品，就能搶先佔有市場，也就是說速度決定優勢。

以我們生活週遭的商業競爭爲例，同一條街上，通常會有許多便利商店，如果店裡沒有顧客想要的商品，顧客就馬上跑到別家商店去購買。在市場日益飽和之下，便利商店的競爭是非常激烈的。

因此，便利商店就引入POS系統，也就是所謂的端點銷售系統。這個系統讓收銀機兼具收銀、銷貨、進貨、記帳等管理功能，能夠在顧客購買商品時，同時統計商品的銷售資訊，這些資訊會由收銀台的電腦傳給總公司，總公司就可以根據銷售情況把商品配送到各家商店。

透過這套系統，便利商店提供的貨品就有即時性，不會出現商品不足或是存貨賣不出去的情況，對於客戶來說，不論何時都能買到自己想要的東西，這樣快速便捷的系統不但能滿足顧客的需求，也能有效地掌握各類商品的銷售狀況。

封住對方的通路，就能掌握優勢

無論軍隊還是企業，有速度的一方就佔據有利地位。若能封住對手的行動，就能掌握優勢，遇到再強的敵人也能獲得勝利。

《孫子兵法·行軍篇》說：「凡軍好高而惡下。」

兩軍對戰的時候，要設法封住對方的通路，並且避免對方封住我方的去路，不論自己的軍隊實力有多強大，一旦無法進攻就與老弱殘兵無異。

以下故事中的龐師古就是因爲驕矜自大，犯了行軍大忌，甚至不聽忠告，讓敵人有機可乘，落了個全軍覆沒的下場。

五代十國時期，後梁太祖朱溫命大將龐師古指揮大軍攻打淮南地區。

龐師古派部將帶領一萬名騎兵從霍丘渡淮河，自己則率大軍屯駐清口。清口是低地，於是有人向龐師古提出忠告：「請將軍轉移至高地。」

然而，龐師古卻無視這個人的建議。

沒多久，淮南的軍隊破壞淮河的堤防。那人得知此事後，立刻稟報龐師古說：「淮南的軍隊將淮河的堤防破壞了，水正朝著這兒流來。」

由於龐師古過分高估自己軍隊的優勢，聽了這番話十分生氣，並認為那人故意造謠生事，便下令將他處死。

就在這個時候，滾滾洪水淹來，龐師古的陣地全被淹沒，後梁軍隊因此大敗，龐師古也在此役中戰死了。

無論軍隊還是企業，掌握速度的一方就佔據有利地位。不管什麼形式的競爭，若能封住對手的行動，就能掌握優勢，遇到再強的敵人也能獲得勝利。

為制止敵人的行動，最常採用的就是「水攻法」。拿企業來說，倘若自己公司能夠生產大量廉價商品並在市場流通販賣，其他昂貴的商品就會滯銷，競爭對手就會因庫存商品過多而陷入周轉不靈的危機中，這是企業的「水攻」法之一。

但是，「水攻法」也有它的限制，對於生產高級商品的對手採用水攻法，就不見得能產生效用，用低價促銷的方式並不能打敗名牌商品。

從市場實例我們可以知道，儘管經濟不景氣造成通貨緊縮，各大廠商紛紛加入價格戰競爭，可是價格戰並未影響到名牌商品，名牌商品仍然以原來的步調繼續成長，完全不受影響。

因此，一家公司要是想利用「水攻法」取勝，一定要先弄清楚自己公司的產品定位是屬於哪一個層級，一旦決定採用，就必須徹底封住對手的通路，以免投入大量資金精力卻血本無歸。

先儲備實力，才能獲得勝利

要是平常就能一點一滴儲備自己的實力，那麼當機會來臨，你就可以把自己的能力發揮出來，讓機會為你帶來更美好的勝利。

《孫子兵法．火攻篇》說：「以水佐攻者強。」

意思是說，用水來輔助自己的將士作戰，產生的威力相當強大，因爲水一旦積聚，爆發出來的力量無法抵擋。

唐太宗李世民就曾經巧妙的運用水的特性，爲自己打了一場漂亮的勝仗。

唐代初年，唐軍欲統一天下，於是發兵攻打劉黑闥的軍隊。

當時軍隊的統帥李世民與劉黑闥在大河兩岸對峙。李世民沿著河築起堅固的陣地，並且調動部隊切斷劉黑闥的補給路線。

劉黑闥多次攻擊唐軍，然而唐軍固守陣地，完全不理會對方的挑釁，根本不出陣對戰。時間一久，由於補給線被截斷，劉黑闥軍隊的糧食開始不足了。

預估時機差不多了，李世民準備開戰，事先於上游築壩將河水攔住，並命令鎮守那裡的部隊：「戰爭爆發之後，等敵軍半數過河，便拆毀水壩，使水流下。」

接下來的戰況果然和李世民預料的一樣，劉黑闥率領全軍渡河，對唐軍陣地發動攻擊。由於唐軍拚死反擊，劉黑闥的前鋒部隊受到重創，同時大水如怒濤般從上游奔流而下，一下子就把河中的將士沖走了。

劉黑闥在這場戰役中損失了大量將士，再也無力反擊了，僥倖生存下來的將士也都在混亂之際遭到唐軍攻擊，最後全軍覆沒。

古今中外有不少戰役都是靠著「水攻」，獲得壓倒性的勝利。然而，水只有積

蓄起來，才能產生巨大的破壞力；若不積蓄起來，就只是一般的水而已。

一個人如果不懂得儲備實力，即使機會來到眼前，也只能留在原地踏步，相反的，要是平常就能一點一滴儲備自己的實力，那麼當機會來臨，就可以把自己的能力發揮出來，讓機會爲自己帶來更美好的勝利。

因此，平時就要努力積蓄實力，機會來時才能發揮實力，具備了實力，才會有眼光去運用手邊的資源。故事中的李世民就是預先佈下了成功的契機，然後把握住最恰當的時機大舉進攻，才能取得勝利。

在人生的競技場也是如此，身處逆境之時，千萬不要垂頭喪氣抱怨「英雄無用武之力」，反而更應該要求自己不斷努力，累積自己的實力，唯有如此才能利用各種資源取得成功。

讓企業的補給無懈可擊

在商業競爭上更應重視補給的重要性，努力留下優秀人才，準備充裕物資，充分運用資金，讓自己在各方面的資源都比對手更加完善。

《孫子兵法．作戰篇》說：「不盡知用兵之害者，則不能盡知用兵之利也。」

意思是說，身爲一個將領，一定要了解戰爭帶來的害處，要減少這個「害」對自己的傷害，進而把「害」加到敵人身上。

漢初的周亞夫正因爲非常了解這一點，所以在平定七國之亂時，截斷了對方的補給，讓對方露出破綻，因而取得最後勝利。

西漢景帝時，以吳、楚兩國爲首的諸侯爆發七國之亂，奉命征討的統帥周亞夫爲了鎮壓這場叛亂，立即將各地漢軍集結起來。

此時，叛軍正集中火力攻擊梁王的領地。皇帝的弟弟梁王聽說漢軍集結後，急忙向周亞夫求援，但是，周亞夫因戰術上的考量，拒絕提供軍力援助，反而將軍隊轉向昌邑。眼見求援希望破滅，梁王只能拚命與叛軍奮戰，也因爲如此，叛軍不得不盡全力壓制梁王的攻勢。

另一方面，周亞夫趁叛軍苦戰之際，在昌邑築起了深不見底的護城河和堅固的城牆，構成了堅不可摧的陣地，並以此爲據點，屢派輕騎部隊切斷叛軍的補給線。叛軍無法得到糧食的補給，開始呈現頽勢。

叛軍對於局勢轉變大爲震驚，於是大軍轉攻昌邑，但是無論叛軍如何挑釁，周亞夫的軍隊都不出城應戰。由於補給線被阻斷，叛軍的士兵開始爲饑餓所苦，士氣逐漸低落，不斷有人逃亡，最後被周亞夫一舉掃平。

無論是軍隊還是企業，只要是組織都必須使用人力、設備、資金等資源來運行。這些資源一旦運用就會消耗，因此補給就顯得十分重要，倘若缺乏補給，再強大的軍隊或企業都將無法維持下去。

戰爭中，敵對雙方可以使用各種手段阻斷敵人的補給，但在商場上，若是運用不法手段阻礙競爭對手，就要吃上官司。

正因爲不能以非法的手段阻斷對方的補給，所以在商業競爭上，領導階層更應重視補給的重要性，努力留下優秀的人才，準備充裕的物資，還要充分運用手邊的資金，讓自己在各方面的資源都比對手更加完善。

同時，經營團隊更要努力爲自己公司建立良好的形象。一個形象良好的企業，即使規模不大，也會有大量的人力、物力、財力主動湧進。

別讓成本壓縮自己的利潤

進貨成本對零售業的影響相當重大。補給是否順暢，左右了戰爭的成敗，供應商的要價則左右了企業的利潤。

《孫子兵法．作戰篇》說：「國之貧於師者遠輸，遠輸則百姓貧。」

國家之所以會因爲戰爭而貧窮，原因在於必須有源源不斷的補給，由此可見補給的花費有多麼龐大，正因爲花費龐大，這才顯現出它的重要性。

自古以來，擅長打仗的將領，都以截斷敵人的補給爲首要，這是因爲一旦沒有補給，軍隊就無法打仗。

東漢末年，雄據北方的袁紹率大軍攻打曹操。曹操因爲軍力較弱，只得據守官渡抵擋袁軍，處於被動防守的局面。

某日，袁紹的參謀許攸因爲族人被殺忿而投降曹操，對曹操說：「我的族人全都被袁紹殺死，想殺袁紹復仇。」

許攸接著分析說：「袁紹的軍需糧草大都在烏巢，但是那裡的戒備並不森嚴。倘若突擊烏巢，將那裡的軍需糧草燒光，不出三日，袁紹的軍隊將自動崩潰。」

曹操聽了大喜，馬上編組突襲部隊。

當日深夜，曹操親自率領突襲部隊秘密奔至烏巢，用火攻強襲袁紹陣營。烏巢守軍登時大亂，頃刻間，軍需糧草化爲灰燼。失去軍需糧草的袁紹大軍，過沒多久便因無法維持而潰逃了。

如果說部隊的補給對國家來說是個沉重的負擔，進貨成本對零售業的影響也相當重大。補給是否順暢，左右了戰爭的成敗，供應商的要價則左右了企業的利潤。

爲了提高獲利，過去曾出現工廠直銷店，直接從工廠購入商品，削減中間行銷費用，再將商品廉價賣出，大大提高收益。此外，也有許多企業在工資低廉的國家開設工廠，採用廉價的勞力降低成本。

中國、越南等「世界工廠」興起之後，有許多服飾店，將目光鎖定在這類工資低廉的外國工廠，特別是爲名牌衣料代工的工廠，向那裡訂購大量的服飾，進口到國內販賣，這樣可以賺取很高的利潤。

由此可以看出進貨成本決定著商業利潤高低。曾經有不少批發商將一般零售商店當作自己的供應商，以至於成本過高，賣出的商品根本沒有利潤可言，最後當然以倒閉收場，可見供應商影響之大。

所以，要經營零售業，不只是要注意銷售情況，而且還要考慮成本和利潤注意供應商提供的價格與品質。

要把自己的長處發揮到極致

與其克服自己的短處，努力使自己做與他人相同的事，倒不如努力發展自己的長處，使自己拿手的專長發揮到極致。

《孫子兵法．火攻篇》說：「火發於內，則早應之於外。」

意思是，若要在敵軍陣內放火，就必須要另外安排接應。火攻法是鬥智鬥力的必殺絕技，之所以稱爲必殺絕技，是因爲只要利用它便可以簡單地將敵人打倒。

東漢末期，張角帶領黃巾賊叛亂，四處燒殺擄掠。

東漢將軍皇甫嵩率軍討伐，失敗後，退守長社城。

黃巾賊以人海戰術團團包圍長社城，皇甫嵩部隊兵力較少，對於明顯的戰力差距，士兵們十分恐懼。

審慎衡量局勢之後，皇甫嵩對部屬說：「勝敗乃由奇襲決定，不是由士兵的數量決定。敵軍現在用草搭建營地的兵舍，倘若在上面點火，輔以風勢，大火必定會一發不可收拾。因此，我們要趁著敵軍沒有防備時在夜裡放火，等到敵軍陷入大亂，我軍再大舉出擊，一定能夠取得勝利。」

皇甫嵩選了一個風勢強盛的夜晚，率領精兵悄悄越過重圍，在敵陣各處放火。火苗藉風勢眨眼間便擴散開來，黃巾賊立時陷入混亂之中。皇甫嵩見時機成熟，下令敲響戰鼓，親率手下士兵突擊敵陣。

黃巾賊驚慌之下，只知爭先恐後地逃跑，就這樣潰敗了。

如果說火攻是戰爭的必殺之招，那麼商場上的必殺絕技指的就是企業的長處，善於應用自己的長處，就可用很少的努力取得很大的利益。

當然，長處會因爲人和組織的不同而不同。例如，身爲營業員就要善於利用人際關係的優勢，而在精密工具方面佔優勢的企業就要活用自己的特色，活躍在精密器械製造領域，甚至穩坐龍頭寶座。

相對的，倘若沒有自己的長處，或是不知發揮長處，即便用平常的方法取得一時的勝利，也無法取得決定性的勝利。

見到別的公司賣出新產品，獲得相當高的利潤，便急著仿效賣出類似的商品，也無法取得像原創公司那麼多的利潤。

因此，與其克服自己的短處，努力使自己做與他人相同的事，倒不如努力發展自己的長處，使自己拿手的專長發揮到極致。這樣，才能使自己獲利，取得更好的效果，在必要的時候將更能夠幫助自己。

根據優勢活用欺敵戰術

欺敵只是戰術運用時所施放的煙幕，應該利用自己的優勢打敗敵人，這才是鬥智智力之時的致勝之道。

《孫子兵法．始計篇》說：「能而示之不能，用而示之不用。」

欺敵是各類鬥智鬥力競爭中最常使用的戰術，明明很能打，卻假裝不能打，明明想打，卻要讓敵人以為你根本沒有打的意願。這樣做才能夠鬆懈對方的防備，一旦進攻，便能輕易取勝。

楚漢爭霸時期，劉邦以漢中為根據，並以統一天下為目標，任命韓信為大將軍指揮軍隊。韓信率軍隊抄近道，北上攻入雍國、塞國、翟國。

雍王章邯率軍隊迎擊，韓信深知章邯的性格，於是設下欺敵計謀，兩軍一交戰，便故意詐敗逃走。

章平見此便忠告章邯：「韓信每次敗走，這肯定是圈套，請停止追擊。」

章邯卻高傲地說：「韓信是個一被威嚇就嚇得逃跑的懦夫，不足掛齒。一旦他進了際倉谷便無路可逃，我軍明日定可俘虜他。」

翌日，韓信依舊假裝逃跑，章邯也如韓信預料的緊追不捨，一直追到際倉谷。那時颳的是東風，韓信便於上風處放火，火藉著風勢瞬間便擴散開來。大火襲擊章邯的軍隊，章邯慌忙返回谷口，然而出口全被木頭，石塊封住了。

章邯的軍隊無法脫逃，終於全軍覆沒。

欺敵只是戰術運用時所施放的煙幕，無論是企業還是軍隊，都有自己的特長，假使企業的資訊技術出類拔萃，就應該利用這方面的優勢打敗敵人，這才是鬥智智

力之時的致勝之道。

但是，這些特長必須選擇場所使用，才能收到效果。一個十分受年輕人歡迎的設計，如果在沒有什麼年輕人的地方販賣，銷售成績一定不理想，必須選擇年輕人聚集的地方營業才能獲利。

此外，章邯慘敗的故事還給我們一個警惕，有些人一旦有些成就，就自以爲了不起，看不清現實的情況，就容易導致慘痛的失敗。

過去有不少企業開發出新的技術，在國內取得豐厚的利潤，爲此興奮不已。但是，當它們想要在其他國家用相同的方式取得利潤，終因國情不同而失敗，這就是驕矜必敗的例子，應該引以爲戒。

發動奇襲，可以打破僵局

從正面解決不了時，不妨從旁觀察、策劃，然後發動奇襲。正如「旁觀者清」一語所說，從旁觀察往往會有意外的發現。

《孫子兵法．始計篇》談論欺敵戰術時說：「兵者，詭道也。故能而示之不能，用而示之不用。」

兵，狹義來說便是戰爭，兵道即爲詭道，明明有能力但要表現得毫無能力，明明準備用兵，卻要僞裝成怯懦不敢用兵，絕不能讓敵人摸清我方的底細，要故弄玄虛，讓人無所適從，如此便能取勝。

東漢初期，劉秀雖然登基稱帝，但張步仍雄踞山東的境內，勢力頗爲浩大。

劉秀爲了掃蕩張步的勢力，便派建威大將軍耿弇率軍討伐，在臨淄城設立據點。

聽聞此事的張步大笑說道：「過去我曾打敗過十萬人以上的軍隊，耿弇的軍隊與之相比，又少又弱，根本不足爲懼。」

於是，張步和他的弟弟張監、張弘、張壽還有部將重異等，隨即分率二十萬大軍進攻。耿弇親自率軍出擊，和重異的軍隊交戰一回合。但是，耿弇並沒有認眞對仗，爲了引誘張步的軍隊深入，故意裝出不堪一擊的樣子，匆匆退回臨淄城內，然後在城內進行戰鬥準備。

不久，張步的大軍集中火力攻打耿弇的本營。耿弇派副將劉歆出陣迎擊。

耿弇在城內的瞭望台上觀戰，見時機成熟，便親自率精兵出擊迎戰，從旁邊偷襲張步的軍隊。耿弇攻其不備，結果，遭到襲擊的張步軍隊大敗。

遇到問題時，能夠直接面對問題、解決問題，是很重要的心態，不這樣的話，

問題肯定解決不了的。

但是，從正面解決不了時，不妨從旁觀察、策劃，然後發動奇襲。正如「旁觀者清」一語所說，從旁觀察往往會有意外的發現。

作戰如此，企業進行競爭亦是如此。提出與以往不同的方向，從另一個角度行進的話，有時可以打破停滯的狀態。

例如，有個高爾夫球服製造商，以往針對年長的顧客設計服裝，獲得了很大的收益，但是經濟景氣低迷後，公司的利益急劇下降。於是，銷售負責人轉移了目標，把市場定在年輕人身上，針對年輕人的喜好來計劃行銷手法。

經過這番變革，公司的銷售額又上升了。

PART. 02

運用心理戰術 改變對方的意志

人們很容易下意識地相信「正式書信」，充分利用這種心理使人們相信他們看到的資訊，就能使事情發展有利於自己。

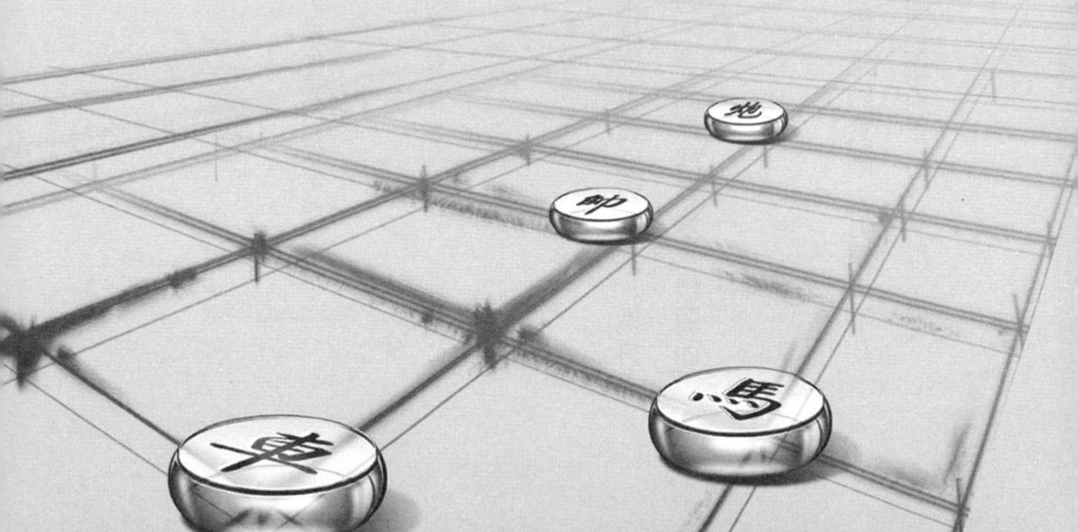

運用心理戰術改變對方的意志

人們很容易下意識地相信「正式書信」，充分利用這種心理使人們相信他們看到的資訊，就能使事情發展有利於自己。

《孫子兵法．始計篇》說：「利而誘之，亂而取之，實而備之。」

意思是說，得知對方的軍力比我方還要強大時，就要施展各種威脅利誘、挑撥離間的手段，擾亂對手的行事節奏，趁隙累積自己的實力。等到形勢轉變，敵弱而我強，就能輕易取勝。

明朝的時候，寧王朱宸濠意圖謀反，儘管王陽明得知寧王的意圖，但還來不及招募士兵。王陽明心想：「目前我方軍力不足，如果朱宸濠大舉進軍可就麻煩了。」

想到這，王陽明馬上命令部屬從各縣鄉村招募士兵，準備糧食。同時，僞造一封朝廷的密詔送給朱宸濠的親信。

「你們的密報已收到，你們對朝廷忠心耿耿，朝廷明白，你們務必催促朱宸濠早日出兵。只要朱宸濠一出城，我方必定可以獲勝。」

王陽明還故意讓朱宸濠的心腹半路截走這封信，讓他們交給朱宸濠。

此時，朱宸濠正猶豫著要不要出兵。這時，左右親信頻頻勸說朱宸濠出兵，但看到這封信之後，朱宸濠對親信的疑心更重。

利用朱宸濠疑心部屬而舉棋不定的機會，王陽明加緊編募討伐軍隊，接著果斷出擊，最後將朱宸濠繩之以法。

人是輕信的動物，很容易下意識地相信所謂的「正式書信」，而不查證這些文件的來源和可信度。

比如說，如果想向別人推銷一種商品，這個時候單靠嘴上說「我覺得這種商品不錯」，是無法讓別人信服的。

不過，如果能出示一些具體說明這項產品優點的文件、證書，然後再說這種商品很好，那麼人們就會信服，即使那些文件證書是假冒的。

這種心理戰術的原則就是：充分利用人們的這種心理使用文章、證書等，使人們相信他們看到的資訊，從而使事情發展有利於自己。

只要使用這個原則，就能使銷售順利進行。比如說，在雜誌刊登商品的宣傳廣告時，與其製作一些引人注目的奇特版面，不如利用雜誌的專題報導來介紹自己的商品。此時，讀者會以爲：「連雜誌裡都有報導，可見這個商品是何等引人注目！」從而對商品產生了良好的印象。

不過，實際使用這一原則的時候，不可以僞造文件，這可是犯法的行爲！

利用耳語讓局勢變得有利

當對方有競爭對手的時候，我們可以散佈不利於對方的謠言，從而使事情的發展有利於己方。

《孫子兵法．用間篇》說：「五間俱起，莫知其道，是謂神紀，人君之寶也。」這段話強調使用間諜的神妙之道，是領導者的法寶，善用間諜施放可信的耳語，就能夠混淆視聽，進而達成我們的目的。

作戰如此，生活中也是同樣。

南北朝時期，北周將領韋孝寬一直思考著如何打倒北齊，無奈北齊有名將咸陽王斛律光鎮守，韋孝寬一直無法擊敗他而感到煩惱。於是，韋孝寬捏造謠言，並派奸細到北齊國首都散佈謠言。

其中一則謠言說：「百升天上飛，明月長安照」。百升為斛，明月則是斛律光的字，意思是說，位高權重的斛律光將成為天子，君臨北齊的首都長安。

另一則謠言說：「高山勿推自崩，槲樹勿助自堅」，暗指北齊皇帝高緯權勢衰微，解律光勢力日益強大。

北齊大臣祖珽得知後，想藉機陷害斛律光，便加油添醋把謠言編成歌謠，讓長安城的小孩子在大街小巷到處傳唱。

孩子們嘴裡唱的歌謠傳到北齊皇帝高緯耳中，祖珽又在一旁煽風點火，自然讓高緯怒不可遏，便下令誅殺了斛律光。

A和B相對的時候，如果想以自己有利條件和A進行交涉，只要在與A交涉之時扯出自己和B的交易情況，交涉便可以順利地進展下去。

假設你想在溫泉旅館預約宴會場地的時候，不僅想要商談宴會的費用，還想讓對方提供溫泉浴的入場券，應該怎麼進行呢？

當你和A溫泉旅館進行預約談洽時，雖然對方同意提供溫泉浴的入場券，但只肯提供當日有效的入場券，這時候，你可以騙對方說：「B溫泉旅館都願意提供整個月有效的入場券，你們這裡爲什麼不能提供呢？」同時還暗示對方要中止洽談。

這樣一來，在一般情況下，對方都會滿足你的要求。

當對方有競爭對手的時候，我們可以像先前所舉的例子那樣，散佈不利於對方的謠言，從而使事情的發展有利於己方。

談判交涉的內容越大越複雜，越要更加巧妙地使用這種方法。雖然操作起來會比較複雜，不過基本道理是相通的。

不要把自己的命運交到別人手上

過分依賴不在自己控制範圍內的東西是極端危險、可怕的，因此，重要的東西應當由自己管理控制。

《孫子兵法．九地篇》說：「古之善用兵者，能使敵人前後不相及，眾寡不相持，貴賤不相救，上下不相收。」

行軍作戰講究的是命令和訊息的暢通無阻，如果命令不能下達，戰況無法上報，那麼，這場仗不管怎麼打都勝不了。

宋朝初年，宋軍佔領成都之時，將校呂翰與同僚全師雄共謀叛亂。兩人約定在報時的更梆敲擊三下之時，一齊攻入城中。

根據間諜的情報，宋軍的副將曹翰知道了二人的陰謀，馬上命令打更的差人，就算到三更，也只能敲打更梆兩下。

當天夜晚，不管到什麼時間，更梆都只敲二下，叛軍雖然感到奇怪但也沒辦法出動，就在他們猶豫的時候，天色亮了。

呂翰與全師雄等意圖謀反的一干人等，這時才發覺自己的計劃已經敗露，於是慌忙逃走。這個時候，曹翰命令部隊追擊，將他們兩人的軍隊殲滅。

以現代戰爭來說，過度依賴衛星資訊，是不怎麼明智的。

目前，GPS（全球衛星定位系統）廣泛運用在各個層面，能利用人造衛星進行探測，從而知曉自己的所在位置。

不過，管理GPS的是美軍，他們有時會基於軍事需要，故意讓衛星定位偏離正確位置。所以，和美國進行戰爭的國家如果過分依賴GPS，在關鍵時刻便會鑄成大錯，就像故事裡的呂翰和全師雄一樣。

過分依賴不在自己控制範圍之內的東西的行爲是極端危險、可怕的，因此，重要的東西應當自己管理控制。

在這方面，日本汽車生產商鈴木集團便考慮得十分周延。

他們認爲雖然現今製造業不斷往工資低廉的海外轉移，但在這過程中，不僅關鍵性的技術不斷外流，國內的生產也越來越空洞化。如果所有的企業生產都轉移到國外，那麼支援國家經濟基礎的產業便會消失，國家便會衰退，而沒有國家作爲後盾，企業的立場也會變得岌岌可危。

現在，大多數的企業都只注重眼前利益，而沒有注意到未來的發展，無異於將自己的命運交到別人手上，實在應該要小心謹慎！

迷信表面現象最易上當

僅看表面不能判斷事物的本質，但是一般人都容易相信表面。雖說如此，要是沒有實力的話，時間一久還是會因虛有其表而導致失敗的。

《孫子兵法．用間篇》說：「內間者，因其官人而用之。」

內間指的是藏伏於對手內部的間諜，而這種間諜的最佳人選就是對方內部的成員。這種人常會利用顯而易見的錯誤事實來誤導人事佈局或管理階層的決策，讓他們僅憑一面之詞決定計劃的方向。

五代十國末期，趙匡胤黃袍加身，建立了宋朝，一方面吞併各國，一方面安定百姓的生活，到最後，十國之中碩果僅存的南唐，部分版圖也被宋朝吞併了。

南唐將軍林仁肇想收回江北的領土，但是南唐後主李煜不聽他的意見。

宋太祖趙匡胤很害怕英勇善戰的林仁肇，無論如何都要迫使他下台。於是，趙匡胤花重金收買了林仁肇的親信，偷偷畫了林仁肇的肖像，然後把它掛在一間華麗的屋子裡，故意讓南唐國的使者看見，並問道：「你知道這是誰嗎？」

使者答道：「是林仁肇。」

「林仁肇想投降，就先把他自己的畫像送來做爲證據。」

趙匡胤這樣說道，並煞有其事地說要把使者眼前的府邸送給林仁肇，還勸使者也跟林仁肇一起投降宋朝。

使者一回到南唐國，立即向君主李煜報告此事，李煜沒有發現這是趙匡胤的策略，不久就毒殺了林仁肇。

僅看表面很難判斷事物的本質，但是一般人都容易相信表面。

不管多好吃的便當，如果用髒兮兮的報紙包著，那就沒人會買；相反的，如果是包裝得很好看、看起來很好吃的便當，就算不知道好不好吃，也會有很多人因爲包裝的誘惑而購買的。

雖說如此，要是沒有實力的話，時間一久還是會因虛有其表而導致失敗。

例如，有一個經營者開辦一所學校，投資了很多經費在宣傳上，引起一時的熱潮，也有很多人前來詢問，但是，由於講師是臨時拼湊出來的，也沒有教育理念，所以才辦了幾個月就失敗了。

這正是虛有其表必註定失敗的最佳事例。

保守秘密才不會留下可乘之機

不管任何組織或團隊，保守秘密都是非常重要的事情，只有嚴格保密，才不會讓對手有可乘之機。

《孫子兵法．用間篇》談及如何運用間諜時說：「明君賢將，所以動而勝人，成功出於眾者，先知也。」

將領之所以能一戰而勝，這代表他能知悉對手的秘密，透過兵棋推演分析對手的戰術，反過來說，若要立於不敗之地，進而求勝，保密是很重要的。

三國時期，蜀國宰相諸葛孔明出師攻打魏國，但是，魏國大將司馬懿卻堅決防守，不肯出陣應戰。

被蜀軍挑釁而生氣的魏軍部將張郃向司馬懿請求攻打蜀軍，司馬懿迫於軍隊內部的輿論，只好讓張郃出陣應戰。

諸葛孔明見司馬懿有了動作，便吩咐王平和張翼：「魏軍到時必定會兵分二路，你們二人指揮軍隊與之對抗。」

接著，孔明交給姜維和廖化一封信，說道：「你們率兵埋伏在那座山上，待王平和張翼的軍隊被魏軍包圍後，再按信行事。」

之後，孔明又命吳懿等人做好戰鬥的準備。

翌日，張郃的軍隊追擊王平和張翼的軍隊，並阻斷其退路，接著到達的司馬懿大軍欲包圍王平和張翼的軍隊。於是，姜維和廖化拆開信件，看到內容如下：「待魏軍包圍了王平和張翼後，你們分成兩隊，迂迴攻打敵人本陣。司馬懿害怕長安被佔領，必定會返回救援，這樣就能大獲全勝了。」

於是，姜維和廖化立即按照指示行動，察知他們動向的司馬懿大吃一驚，說道：「我們被諸葛孔明耍了。」

司馬懿親自率軍返回救援，但最後仍然戰敗而歸。

不管任何組織或團隊，保守秘密都是非常重要的事情，就像孔明交代密信一樣，只有嚴格保密，才不會讓對手有可乘之機。

除了業務、技術方面的秘密外，身為領導人或管理階層，應該保守的秘密之一就是人事情報。人事異動是員工關心的事，因此有時會有部屬向上司詢問人事，但是，上司因職務關係，是不能透露的。

這種時候，有的上司會說「不知道」就藉故溜走，但是說這種明顯的謊言，容易引起部屬不快；與其如此，不如坦誠地說：「現在不能說，請你們等待正式公佈吧。」這樣一來，部屬比較容易理解上司的立場，不會一再追問。

製造恐慌效果迷惑對手

人能一次處理的情報有限，因此，如果一次接收太多情報，人就會陷入恐慌，容易受到迷惑，被牽著鼻子走。

《孫子兵法．九地篇》說：「所謂古之善於用兵者，能使敵人前後不相及。」這句是說，當敵軍勢力龐大的時候，就要設法分散敵人的大軍，並且製造混亂，使敵軍前後無力互相支援。

在下面這個戰例中，韓信更把戰術運用到極致，截斷對方大軍之餘，又把旗幟換成敵人的，擾亂對方的視聽，對方一亂，就沒有還擊的能力了。

楚漢爭霸時期，有一次漢將韓信與楚霸王項羽對戰。

韓信仔細偵察了周邊的地形，便在山川周圍的三百里區域內分佈了二十一支軍隊埋伏起來，然後讓樊噲的軍隊破壞橋樑，把楚軍分成兩支，隨後讓灌英的軍隊猛烈攻打項羽的大本營。

見時機成熟之後，韓信又率大軍發動襲擊。但是，勇猛的項羽沒有畏懼，不管三七二十一地猛烈反擊。

項羽反擊後，韓信佯裝戰敗退兵。項羽以為有機可乘，便率軍追擊敗逃的漢軍，結果中了韓信等人的埋伏。

這時，漢軍的軍隊一齊出現，從四面八方包圍楚軍，令楚軍無計可施。

隨後，韓信又更換旗幟，這樣一來，楚軍分不清敵我，終於大敗而逃。

人能一次處理的情報有限，因此，如果一次接收太多情報，人就會陷入恐慌，容易受到迷惑，被牽著子走，這就叫做恐慌效果。

舉個例子來說，想要購買某種商品而猶豫不決時，如果很多人同時不斷地說「A是很好的商品」，那人們就很容易深信「A是個好商品」。

當然，一個人說話時，爲使對方相信而不停地講一樣的內容，也能達到相同的效果。例如：「A很好」、「B教授也認爲A很好」、「經過這個實驗，我們可以驗證A的好」等等，如此不間斷地對對方說。

這樣一來，對方一時無法處理這麼多情報，就會陷入恐慌狀態，迷惑之餘也就會相信說話人所說的事了。

這樣從多方面一起進攻的方法，對於說服顧客是很有效的。

與其正面交鋒，不如發動背後攻擊

遭遇對手的時候，一般人都過於注重正面交鋒，忽略了從後方攻擊的重要性。從後方發動攻擊，即使是虛晃一招，也能奏收成效。

《孫子兵法．虛實篇》說戰術運用必須多變：「故兵無常勢，水無常形；能因敵變化而取勝者，謂之神。」

用兵之道在於靈活運用各種戰術，就像水沒有固定的形態一樣，面對的敵人絕不會一成不變，善於因應變化，就能取勝。

唐代初期，天下尚未統一，十八路反王之一的梁師都在地方上自立爲王，殺死豪族和官吏等，胡作非爲。

唐朝的初代皇帝李淵爲掃除禍患，就命部將段德操去討伐梁師都。

梁師都和突厥人的大軍結盟，先率領數千騎兵襲擊延安，隨後在野豬嶺佈陣，擺出的陣勢頗爲浩大。

當時，段德操只有極少量的兵力，自知正面迎敵絕對敵不過大軍，於是往後退兵。這樣一來，就緩解了打算決戰的梁師都的軍勢，削弱了他的氣勢。

梁師都見對方退兵，以爲唐軍暫時不會進攻了，漸漸地沒有作戰的戒備。

段德操見對方的士氣有萎靡之象，便擬定戰術，讓副將梁禮出陣，和梁師都部隊進行了激烈的會戰。

就在敵軍的注意力全都移到正面激戰時，段德操又率軍在梁師都的軍隊後方揮舞許多大旗，看起來像有大軍來援似的，正準備前後包抄梁師都的軍隊。

背後突然被大軍包圍的假象讓梁師都大吃一驚，慌忙逃走了，軍隊也潰散了。

遭遇對手的時候，一般人都過於注重正面交鋒，忽略了從後方攻擊的重要性。從後方發動攻擊，即使是虛晃一招，也能奏收成效。

例如，交涉生意時，不僅要和對手正面談判，還要繞到他的背後，送禮物給談判對手的太太和孩子，討他們歡心。這樣，談判就能順利進行了。

超市和百貨公司經常舉行吸引孩子的促銷會，也是應用了這個方法。利用卡通中的人物秀和小禮物……等等，舉行吸引孩子的促銷會，父母就會被孩子央求帶他們前去商店。一進入商店，多數父母就不得不消費了。

每個人的背後都是弱點，所以要學會避開正面的攻擊，繞道至對手後方襲擊，如此自然能輕易取得勝利。

平時做好準備，才能隨機應變

儘管預先演練很麻煩，但在平日就應該多思考可能發生的危機並做好準備，這樣才能進行良好的危機管理。

《孫子兵法．始計篇》強調必須巧妙運用自身的優勢：「計利以聽，乃為之勢，以佐其外；勢者，因利而制權也。」

計是統籌、整合，利是指我方的條件，這段話的意思是，用這些條件，造就對自己有利的形式，進而影響對手。兩軍對戰時，除了影響對手以外，還要能根據外在條件，不斷權衡變化、靈活運用。

能夠巧妙活用本身的優勢，就算攻擊的一方是諸葛孔明，也會束手無策。

三國時代，蜀國宰相諸葛孔明進攻魏國，來到陳倉城。

諸葛孔明爲了攻進城內，準備了四十台雲梯一齊前進。守城的郝昭見狀便下令放火箭燒雲梯，燒死了雲梯上的士兵。

於是，諸葛孔明又派出好多攻擊城門用的「衝車」，每晚從四面一齊進攻。

郝昭見狀，便把岩石捆在繩子上砸擊衝車，蜀軍的衝車全都被砸壞了。

接著，連番失利的諸葛孔明又讓士兵運土塡埋護城河，然後派工兵部隊秘密挖掘隧道以便潛入城內。

針對對方的攻擊方式，郝昭增厚了城壁以鞏固城池，並在城內挖溝阻斷隧道，很快地就擊退了從隧道裡出來的士兵。

就這樣不分晝夜地持續了二十多天的攻防戰，由於郝昭總是兵來將擋、水來土掩，諸葛孔明最後還是無法攻下陳倉城。

著火了就用滅火器，地震了就躲到桌子底下，呼吸停止了就做人工呼吸，暴風來了就遮住眼睛，摀住耳朵和鼻子。

預先準備好對策，萬一發生緊急狀況，就可以隨機應變，好好地處理危機了。

儘管預先演練很麻煩，但在平日就應該多思考可能發生的危機並做好準備，這樣才能進行良好的危機管理。有的企業內部就編有危機管理手冊，裡面詳細編錄公司可能發生的危機和相對應的處理方法，提供社員研究使用。

當然，也會發生手冊裡沒有記載的、想都沒想過的危機，在這種狀況下，就只有像郝昭一樣依靠自己的智慧了。

爲了渡過危機，就要學好歷史，了解過去曾發生什麼危機，又是如何加以解決，瞭解這些知識，對危機管理很有啓發作用。

要善用所有的條件和資源

在緊急的時候，盡可能地投入兵力和資本，並且能夠好好運用，這才能夠把兵力和資本保存下來。

《孫子兵法・兵勢篇》說：「三軍之眾，可使必受敵而無敗者，奇正是也。」一支軍隊能在遭受敵人強力攻擊時不被打敗，關鍵在於奇正戰術的靈活運用。想要靈活運用奇正戰術，心理層面要做好「毋恃敵之不來，正恃吾有以待之」的準備，在技術層面則必須洞穿對手的思維邏輯和行爲模式。

宋太宗趙光義派兵滅了北漢，但卻命令部隊立即回朝，隨後，又下了這樣的命令：「劉廷翰和李漢瓊去眞定，崔彥進去關南，崔翰往定州，你們分別帶部隊前去

駐紮。契丹軍一定會趁勢進攻的，因此，你們先聯合起來埋伏，從三面一齊進攻，肯定會大獲全勝。」

契丹是北方的大國，也是北漢的後援，每次宋朝攻打北漢時，契丹都會支援北漢。這次，宋朝滅了北漢，契丹果然如趙光義預想的率兵南下。

劉廷翰的軍隊首先在戰場上佈陣，作爲正面迎戰契丹的軍隊。

接著，出陣的崔彥進則率軍偷偷繞到契丹軍的後方去。

這時，李漢瓊和崔翰的軍隊也到了。

這樣，準備妥當的宋軍以劉廷翰、李漢瓊進和崔翰三人的軍隊爲中心，從三面一起向契丹軍進攻。

契丹軍沒料到宋朝設有伏兵，在這次戰役中慘敗，死傷慘重，還有很多人被俘虜。

為了防止失敗之後一蹶不振，歷代軍事家都強調，要節約投入的兵力和資本，並把這些資源保存下來。

但是有時候，不能善用奇正之術，節約兵力卻會導致敗亡。

因此，為防萬一，除了投入全部的兵力和資本來壓倒對手之外，還要好好規劃戰術。若是海陸空三方一起進攻，人力、物力和財力三個也都列入考慮的範圍，這樣一來，就能很輕鬆地取得勝利，損失也會減少。

綜合以上所說的，在緊急的時候，盡可能地投入兵力和資本，並且能夠好好運用，這才能夠眞正把兵力和資本保存下來。

PART. 03

掌握趨勢就能掌控情勢

先見之明的人並不是有什麼超能力，而是由於這些人經常努力學習，知識淵博，因而才會有先見之明。

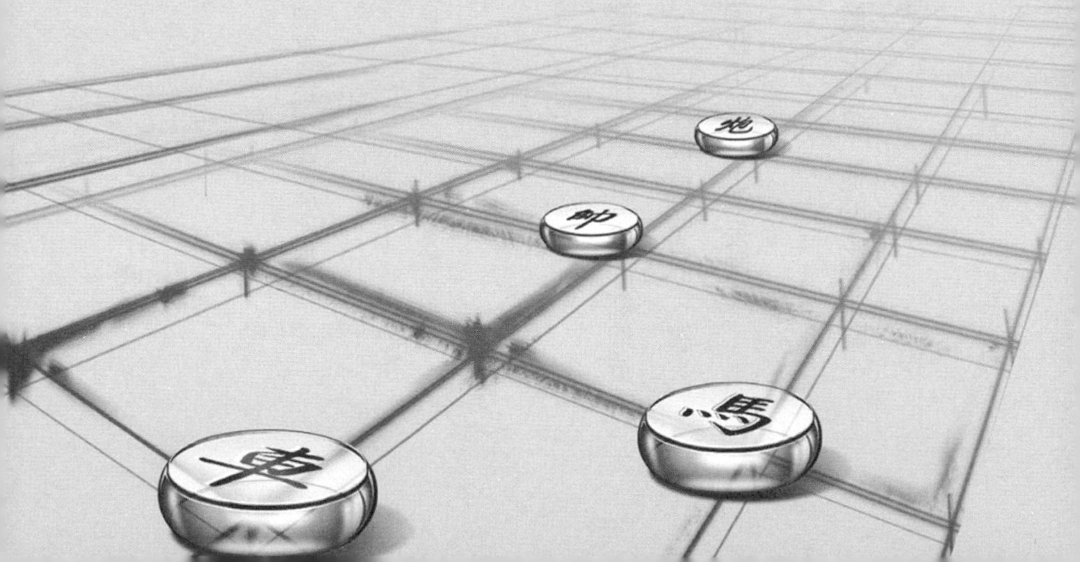

有時要溫和，有時要不假辭色

溫和的人在緊要關頭，往往會優柔寡斷。不知道部屬的意見到底應該如何取捨，遲遲做不了決定，最後總是誤了大事，錯失良機。

《孫子兵法．始計篇》說：「將者，智、信、仁、勇、嚴也。」

身為一個領導者，必須具備智、信、仁、勇、嚴五個條件。「智」是詳細地策劃謀略，「信」是賞罰分明言出必行，部屬才能信服；「仁」才能得到人心，讓人誓死追隨；「勇」才能以身作則，「嚴」才能立威，讓圖謀不軌者不敢妄動。

協助楊堅打下隋朝江山的將領楊素，是一個身經百戰的名將，他的戰鬥策略十分巧妙，而且嚴格管理軍隊，若有士兵犯了軍法定斬不饒。

與敵軍對峙前，楊素必定必先選出一些以前曾犯過錯的犯人斬首示眾，多則上百，少則數十人。士兵們眼前立刻血流成河，而楊素卻面不改色。

此外，兩軍對陣時，楊素會先挑選出三百名士兵突擊敵陣，若攻破敵陣則罷，倘若沒有攻陷敵陣而撤退，無論剩下多少人，全都斬首，然後再挑出另外三百名士兵，重新向敵軍進攻，若是失敗則再斬再攻。

因此，將士們個個擔心害怕，莫不拚死奮戰，不敢臨陣脫逃。結果，楊素百戰百勝，成了名副其實的常勝將軍。

除了嚴厲的懲罰之外，另一方面，楊素獎賞手下也十分大方，規定假如有人立了功，不論功績再怎麼小，也必須上報；批閱之後，他必定重賞。也因此，不管他的手段再怎麼嚴格，再怎麼殘忍，士兵們仍然願意在他麾下戰鬥。

不管任何組織或團體，都有對他人十分關懷，性情溫和的人，也有不近人情，

對人較爲嚴厲的人。兩種人相比之下，溫和的人自然容易受到衆人的青睞，被認爲是領導組織的合適人選。

但是，溫和的人在緊要關頭，往往會優柔寡斷，不知道部屬的意見到底應該如何取捨，誰的面子都要給，絕對不能撕破臉。想要面面俱到，結果遲遲做不了決定，最後總是誤了大事，錯失良機。

至於不近人情的人，則沒有這種煩惱。對於自己的想法，不管部屬反對還是贊成都毫不在意，也不容許部屬反對。

像這樣不近人情的人，危急的時候就能鎮住部屬。在公司企業也是一樣，上班不夠專心、用心的員工，一旦遇上所謂的「魔鬼上司」，就會變得老實起來。

性情溫和的人，在待人處世上値得推崇，但在決定勝敗的關頭，還是要不假辭色，這樣才能貫徹政策。

不要輕易地干涉屬下的工作

對員工的管理要儘量公正嚴明，這是上司的職責所在。但是，千萬不要不了解實際狀況而強行介入，這是最重要的領導原則。

《孫子兵法．謀攻篇》說：「不知三軍之事，而同三軍之政者，則士惑矣。」

不論君王再如何聖明，對於軍隊中的大小事務，必定不如主帥清楚，若君主直接對軍隊下達命令，而命令與軍隊實際情況不符的話，會使士兵們產生疑惑，一旦產生疑惑，在戰場上就無法步調一致，最後導致失敗。

漢文帝在位時，北方的大患匈奴不斷入侵騷擾。爲了抵禦外敵，漢文帝派遣名將周亞夫率軍抗敵。

有一次，漢文帝想親自去前線慰問軍隊，便前往周亞夫駐紮在西方的營地。周亞夫的軍隊紀律森嚴，營地四周佈滿全副武裝的衛兵。衛兵拒絕讓漢文帝的傳令官進入軍營，理由是：「奉將軍命令，無論是誰，若是沒有得到將軍的許可，都不得私闖軍營。」

得到這一消息，漢文帝便命令傳令官帶著他親筆寫的手諭再去一次。手諭中寫道：「我想來慰勞一下軍隊，請周亞夫開門放行！」

衛兵拿著傳令官帶來的手諭向周亞夫通報後，這樣對傳令官說：「將軍說，軍營中不得走馬，即使是陛下也不能破例，因此請陛下下車步行。」

聽到這個回覆，漢文帝並不介意，立即下車，規規矩矩地進了軍營，敬佩地說道：「周亞夫眞是個鐵將軍！」

有些人，在上班時間不停地談天說地，有的人不夠禮貌親切，有的人追求時髦

不講規矩。如果一家公司中有這樣懶散、不努力工作的部屬，而管理階層又置之不理的話，會產生什麼樣的結果呢？

不用多久，公司的執行力與競爭力將降低，認眞工作的職員將受到打擊不願努力工作，會讓公司蒙受莫大的損失。

要使部屬認眞工作，需要很大的努力，對員工的管理要儘量公正嚴明。

教育部屬商務上應有的態度和技能，不但是爲了部屬好，更是公司日漸茁壯的基石。因此，該注意的地方還是應該嚴格要求，這是上司的職責所在。但是，千萬不要不了解實際狀況而強行介入，這是最重要的領導原則。

上司的首要工作就是讓部屬安心

上司即使再怎麼不安，也不能在部屬的面前表現出來。即使是說謊，上司也要面帶微笑地說：「不要緊，沒關係的！」

《孫子兵法．兵勢篇》說：「凡戰者，以正合，以奇勝。故善出奇者，無窮如天地，不竭如江河。」

這段話所強調的，正是「出奇制勝」。與競爭對手正面衝突，多少會造成自己的損傷，若是能夠善用計謀加以避免，讓自己的損失降到最低，這才能算得上是一個有智慧的領導者。

魏晉南北朝時期，劉暢率大軍進攻滎陽城。當時駐守滎陽城的將領李矩的軍隊人數根本無法與劉暢的大軍對峙，因此，李矩決定一邊假裝要投降，一邊準備夜襲敵軍軍營。

可是，李矩手下的士兵們，知道敵衆我寡的局面，個個都很害怕，一點都沒有成功的自信。因此，李矩就去找外甥郭誦商討對策，郭誦便提議：「不如以祭奠子產爲名安定軍心。」

子產是孔子的弟子，後來出任鄭國宰相，一向被當地人奉爲偉人。

隨後，李矩找來一個巫師，如此這般地交代了一番後，讓她當著衆人的面設壇作法。巫師假裝用巫術請出了子產的靈魂，然後郭誦便問子產：「您是鄭國的宰相，是鄭國偉大的領袖，如今，鄭國的子民有難，請您指示我們應該怎麼辦才好。」

接著，女巫師便代「子產」回答道：「李矩心中早有妙計，你們按計行事就對了，我會保佑你們的。」

這當然是李矩自編自導的戲碼，但士兵們都相信那是子產的靈魂降臨到女巫師身上說的話，個個都變得信心十足。當晚，李矩便召集了千名勇士夜襲敵營，完全沒有防備的劉暢大軍，被這場夜襲打得潰不成軍，最後全軍覆沒。

企業遭遇某些意料不到的事故時，無論誰都會退縮畏懼，都會滅自己威風地想：「這以後可怎麼辨好呀？」

可是，想當一個英明睿智的領導者，即使再怎麼不安，也不能在部屬的面前表現出來。即使必須說謊，也要面帶微笑地說：「不要緊，沒關係的！」只有這樣，部屬才會安心，才能繼續努力向前。

有這樣一個故事，某公司主管被派到海外工作時，有一個部屬被人綁架了，那位部屬的妻子擔心得不得了。這位主管雖然內心緊張，卻還是不斷地對部屬的妻子說：「沒事的，他一定能活著回來的。」

當然，這是毫無憑據的安慰，只是爲了讓那位部屬的妻子稍稍安心罷了。

就像我們常說的：「說謊不是好事，但必要的時候，該說謊就說謊。」身爲一名領導者，也要因應情況說說謊話。

意念決定事情的進展

人的意念，往往左右著事情的發展。假如部屬產生了消極、負面的意念，上司就一定要想方設法將這種不良的意念打破。

《孫子兵法．始計篇》說：「天者，陰陽、寒暑、時制也。」

所謂的陰陽，有人解釋爲占卜陰陽之兆，其實這並不代表孫子要我們行軍出戰前卜算一番。孫子是不信這套的，但不相信不代表不運用，這番話的意思是強調身爲將領必須在己方軍隊內破除迷信，進而利用對方迷信的心理。

商朝末年，周武王舉兵討伐紂王，可是，行軍過程中，突然狂風大作，雷聲震天，許多軍鼓和旗幟都損壞了，將士們都認爲這是很不吉利的兆頭，軍心動搖。

武王的軍師姜子牙見狀，毅然對武王說：「戰爭的勝敗與否不是由神仙決定的，只要不努力就一定會失敗。神仙是人眼看不見、人耳聽不到的東西，到底存不存在誰也不知道，怎還能信它？聰明的將領不會去在意這些，只有愚蠢的將領才會被困擾。能夠任用賢臣，能夠得到賢將，就一定能夠順利打敗敵人，成敗與否，跟運氣完全沒有任何關係。」

但是，周武王的弟弟周公並不這樣認爲，反倒說：「現在的時機對我們十分不利，占卜得出的結果也是凶兆。我們還是下令撤軍吧！」

姜子牙聽了之後大怒，厲聲斥責說：「紂王殺賢者、禁名臣，任用愚蠢的人當軍隊將領，此時不誅，更待何時？這些事，你那些占卜的道具怎麼會明白呢？」

說完這些話後，姜子牙一手打破了占卜用的道具，擊起進軍的大鼓，站在軍隊最前面帶領軍隊前進。周武王也緊隨其後，最後終於打敗了紂王，滅掉了商朝。

聽說過「心理作用治療法」嗎？即使是假藥，倘若病人把它當成眞藥吃下去，而且一直認定那是眞有療效的藥，就會如同服了眞藥一樣，發揮神奇的療效。

人的意念，往往左右著事情的發展。一旦產生了不好的意念，即使原本可能一點事都沒有，但結果就眞的變壞了。所以，假如部屬產生了消極、負面的意念，上司就一定要想方設法將這種不良的意念打破。

舉例而言，有人覺得公司有危險，心中忐忑不安，無法集中精神工作時，上司就必須拿出準確、確切的證據來證明絕無此事。或是拿其他公司做例子，無論如何一定要進行心理建設，讓部屬安心地工作才行。

只有這樣，部屬才能夠集中精力工作，工作效率也才能因此提高，即使眞的遇到危機，也會化險爲夷的。

養精蓄銳迎接未來的挑戰

遇到關鍵性問題，充分的休息反而會對事情的解決更有利。在疲勞的情況下絕不能做重要的工作，否則可能會造成更嚴重的錯誤。

《孫子兵法．始計篇》說：「利而誘之，亂而取之，實而備之。」

這三個步驟正是秦始皇併吞六國的三部曲。當前兩個步驟完成，接下來便要好好儲備自己的實力，以備不時之需，當然，儲備實力的同時不能大張旗鼓，若是引來對手的防備，豈不是增加自己的麻煩嗎？

戰國末期，秦國名將王翦率兵討伐楚國。

楚國面對秦軍大舉進攻，集合全國所有的兵力全力防禦。可是，王翦一攻下楚國的邊防，就立即開始修築城牆，每打下一座城就馬上修好城牆，然後一段時間都不出戰，即使楚軍一再派人來挑釁，秦軍也絲毫不爲所動。

在休戰的日子裡，王翦每日都讓士兵好好休養生息，一同與士兵吃營養的食物，讓士兵恢復精力。

這樣的日子持續了幾天後，王翦會派人去觀察士兵們的狀態。派去的人回來如果報告說：「大家都非常開心，精神十足。」聽到這個答覆，王剪便十分滿意地說：「太好了，這樣就有力氣殺敵了。」

反觀，楚軍屢次挑戰秦軍未果，正要準備撤退。就在此時，王翦一聲令下，秦軍如決堤的潮水般衝向正要準備撤軍的楚軍。受到意外攻擊的楚國軍隊一下子崩潰了，將領一一被擒，最後連楚懷王也被俘虜，不久楚國被秦國消滅。

有意外事件發生或是工作十分忙碌的時候，不適時休息而堅持工作，在我們的

工作文化裡，是理所當然的。但是，稍稍動腦想想就會注意到，人在十分疲憊的情況下，工作效率會變得比任何時候都要低，同時也增加了犯錯的可能性。

因此，遇到關鍵性問題的時候，充分的休息反而會對事情的解決更有利。在疲勞的情況下絕不能做重要的工作，否則可能會造成更嚴重的錯誤。

舉個例子，在危機管理方面有卓越成就的美國軍隊，二次世界大戰的時候，每部戰鬥機都配備三個飛行員，按順序輪流出動。

其中一個人出動時，另外留下的兩個人就充分地休息準備。經過充分休養生息後，一旦戰鬥開始，每個飛行員都能處在最佳狀態。

所以，認爲忙碌時部屬應該不眠不休工作的領導者，應該學學名將王翦的作戰模式，好好反省仿效吧！

掌握趨勢就能掌控情勢

先見之明的人並不是有什麼超能力，而是由於這些人經常努力學習，知識淵博，因而才會有先見之明。

《孫子兵法．兵勢篇》強調掌控情勢的重要性：「故善戰者，求之於勢，不責於人，故能擇人而任勢。」

這句是說，善於用兵的人，會從形勢上尋求致勝之機，不會強求部屬承擔勝敗之責；就因為如此，才能夠從更客觀的角度來評估局勢，準確預測未來的發展。

唐代的時候，名將王式率軍平定了浙江一帶的叛亂，但王式指揮軍隊的方法，令當時朝中的許多將軍百思不解，武將們便在慶祝勝利的慶功宴上問王式。

「進軍後不久，將軍不管自己軍隊的糧食充足與否，都把一部分糧食分配給附近的居民，這是為什麼呢？」

王式回答道：「叛軍把糧食從人民手中搶奪之後，再用糧食引誘人民替他們打仗，我把糧食分給人民，人民就沒有必要冒險，與叛軍為伍。」

將軍們又問道：「那為何沒有使用通信兵呢？」

王式答稱：「通信兵是用來與援軍聯絡時用的。這次戰爭是全軍出動，沒有任何後援，倘若使用通信兵傳遞訊息，反而會讓居民不安，也給自己製造不必要的混亂，因而我沒有使用。」

又有人問：「只讓弱兵去當偵察部隊，而且還不給他們武器，又是為何？」

王式回答：「假如派強悍的士兵去偵察敵情，而且還發給他們武器，遇上敵軍，就會和他們發生戰鬥。倘若不幸戰死，敵人不就知道我方的虛實了嗎？」

大家聽完王式的回答後無不心服口服。

王式有先見之明，因而能在征戰過程屢戰屢勝。

擁有先見之明的人，常被認爲是「第六感」特別強的人，事實上，這是一種誤解；並不是這些人有什麼超能力，而是由於這些人經常努力學習，知識淵博，才會有先見之明。

舉個例子，我們常常發現，有些時尚服裝十分便宜，流行的東西之所以能夠便宜地出售，是因爲在流行之前商家早已大量採購了這種產品。「流行」是有規律的，也可以預見的，因此有人透過研究創立了「流行學」這門學問。

掌握趨勢就能掌握局勢，只要用心，從流行的事物上，我們甚至能夠看出未來幾年後的流行趨勢。

同樣是一種工作，不僅只是工作，應該要邊做邊學，只有這樣才能培養自己的實力，讓自己具備先知先覺的眼光。

當心無緣無故的幫助

對方莫名其妙地對自己說些好聽的話，或是無緣無故想幫助你的時候，思考一下這樣做對對方有什麼好處，就可以避免受騙。

《孫子兵法．兵勢篇》說：「兵之所加，如以鍛投卵者，虛實是也。」

孫子強調兵法是「詭道」，想要以弱勝強，就要以有備攻無備，以強打弱，避實擊虛，在下面這個故事中，諸葛孔明就看出對方的目的，並且應用對方的心態避實擊虛，才能大獲全勝。

三國時代，蜀漢丞相諸葛孔明率軍進攻魏國，不久，糧草即將用盡。

得知這一消息，魏軍將領孫禮就對大將軍曹眞這樣說道：「蜀軍如今糧草殆盡，我們何不以此爲計，準備一些僞裝的糧草輸送車，裡面放滿乾草，然後故意讓蜀軍發現，蜀軍必定會派兵來搶糧草。到時候，我們點燃車中的乾草，然後再派伏兵圍攻，必定能大敗蜀國的軍隊。」

曹眞高興地採納了這個作戰計策，立即動手準備。

另一邊，諸葛孔明聽說了魏軍正從隴西運送糧草到前線之後十分高興，笑著說：「魏軍看來已經知道了我軍糧草匱乏，想用這個計謀引誘我軍去搶糧，然後設下圈套襲殺我軍。既然如此，我何不來個以彼之道還治彼身，將計就計呢？」

諸葛孔明立刻派遣馬岱率領一支部隊佯裝突襲魏軍的糧車，同時派馬忠與張翼率另一支部隊設下陷阱襲擊魏軍。

就這樣裡應外合，兩面夾擊，最後大敗魏軍。

在最困難的時候能向自己伸出援手的人，才是的眞正恩人。

但是，遭遇困難的時候，對於那些不是自己熟識的人，而且自己並沒有向他們求助的人主動伸過來的援手，就應該要仔細地思考其中是否有詐了。

例如，有些資金吃緊的企業想向銀行貸款，一般而言，銀行都會要求商店提供擔保品，才願意借款，這是正常的商業援助。但是，如果有陌生人伸出援手之時不提其他附帶條件，甚至不用提供擔保，動機就相當不單純了。

人採取某種行為的時候，大都會考慮自身利益，有利可圖才會那麼做。因此，當對方莫名其妙地對自己說些好聽的話，或是無緣無故想幫助你的時候，不妨思考一下這樣做對對方有什麼好處，如此一來，就可以避免受騙上當的情況發生，甚至還能反將對方一軍。

安於現狀等於慢性自殺

企業若是認為目前還算安穩就掉以輕心，隨時會有滅亡的危機，安於現狀等於慢性自殺。

《孫子兵法．九變篇》裡有段話強調決策的重要性：「塗有所不由，軍有所不爭，城有所不攻，地有所不爭。」

其中，「塗有所不由」是說軍隊行進的途徑必須仔細選擇，才不會陷入險境。對於企業來說也是如此，一個決策者必須審慎決定企業的發展方向，要知道對企業來說，一個錯誤決策造成的損失可能會比員工虧空公款來得更大。

西漢初期，以吳王和楚王爲中心的七個諸侯起兵叛亂。爲了鎭壓這次叛亂，漢

景帝派周亞夫爲大將軍，率漢軍出兵平亂。

周亞夫的軍隊剛出都城不久，一個叫做趙涉的人突然出現在軍隊前，擋住了去路。周亞夫問他有什麼事，趙涉回答道：「閣下如果獲勝則國家安泰，倘若閣下敗了則會天下大亂，因此無論如何，請您聽聽我的意見。」

於是，周亞夫下馬請趙涉賜教，趙涉說道：「吳王已經召募了許多不怕死的亡命之徒，知道閣下您帶兵出征，必定會事先在洛陽的四周佈下衆多暗殺您的殺手。將軍您爲何要繞道從西邊的小路去洛陽呢？那裡不是還沒有派人去偵察過嗎？不論如何，還是應該事先派人去查探一下比較好，而且將軍您的行動得要隱蔽一些。」

周亞夫心想確實如此，就派人先去那附近查探了一番，果然，那裡藏著對手的伏兵，因而避開了讓自己的軍隊處於不利的窘況。

後來，周亞夫便請趙涉當自己的軍師，順利掃平七國之亂。

現今的商業世界隨著「自由化」、「國際化」等等發展，正朝著激烈競爭的途徑演進。商業社會弱肉強食的競爭法則，正一步一步地在世界各地蔓延，假如企業安於現狀而不思索應變之道，是絕對無法生存下去的。

企業若是認爲目前還算安穩就掉以輕心，隨時會有滅亡的危機，必須經常思考思考：「像現在這樣就行了嗎？」

這個問題十分重要。舉例而言，過去日本松井證券在業務上取得了豐厚的收益，但是公司並不滿足於現狀，他們想到萬一證券業遭到自由化風波襲擊，安於現狀是絕對無法生存下去的。因此，公司大膽另闢途徑，率先啓動網上證券交易，並且一舉成功，最後成了日本網路證券業的第一把交椅。

身爲一個領導者，你是如何做決策的呢？是否也曾在工作的時候思考過「安於現狀等於慢性自殺」這個問題呢？

用自己的優勢攻擊對手的缺失

倘若能夠細心觀察市場走向，留意競爭公司的動作，並分析自己公司的優勢，加以巧妙運用，必定能使公司事業蒸蒸日上。

《孫子兵法．地形篇》說：「知己知彼，勝乃不殆。」

懂得用兵之道的人不論局勢如何改變，不論對手採用任何謀略，都不會使他迷惑。對雙方的能力優劣瞭如指掌，才能百戰百勝。

唐代中期爆發安史之亂，有一次，中興名將李光弼率唐軍迎戰史思明，連打兩場勝仗。

在野外紮營的時候，李光弼突然決定撤軍，並對部將雍希顥這樣說：「高廷暉和李日越兩人是敵軍的猛將，史思明必定會派他們來攻打這裡。你守住這裡，即使他們來了你也不必迎戰。如果他們投降的話，就把他們都帶回來見我。」

李光弼身旁的人聽了這些話，都以爲他在說笑，沒有人相信他是認眞的。可是事情的發展正如李光弼預料，不久史思明便命令李日越出兵，並威嚇說如果沒有殺掉李光弼就不得回營。

當李日越攻入唐軍陣營時只發現雍希顥，李光弼本人並不在軍營裡，心想：「這該如何是好？我即便把雍希顥擄回去，還是會被史思明殺頭，不如就此投降，說不定還能留下一線生機。」

李日越左思右想，最後決定向雍希顥投降。雍希顥便帶著李日越參見李光弼，李光弼不但不計較李日越是敵軍將領，反而下令厚待李日越。

高廷暉聽說這這件事後，隨後也向李光弼投降了。

有人問李光弼：「爲何能如此簡單地降伏敵人兩員猛將呢？」

李光弼答說：「史思明以爲在野外作戰是他們軍隊的優勢，然而卻兩戰皆敗，必定十分懊惱。因此，一聽說我們的軍隊在野外紮營，一定會把握這個機會，命令手下拚死一戰。史思明治軍嚴厲，若是不能擒到我，必定重責。可是，我並不在軍營內，只留下雍希顥迎戰，即使能夠抓到雍希顥，部將們也逃不過史思明責罰。因此，不想被殺的李日越一定會想，與其回去被殺頭，倒不如投降。至於高廷暉投降，則是因爲聽說了李日越投降之後得到厚遇，因此決定歸順。」

不管什麼類型的公司，總免不了要與對手相互競爭，其中，產品研發、行銷手法，更是決定公司能否存續的關鍵。

想要讓自己的產品日新月異，行銷手法不斷翻新，就必須深入分析自己和競爭對手的優勢與劣勢。得出結論之後，便可以像李光弼一樣善用自己的優勢攻擊對手的劣勢，並趁機收編史思明的兩員大將。

敵我態勢是不斷消長的，倘若能夠細心觀察市場走向，留意競爭公司的動作，並增強自己公司的優勢，加以巧妙運用，必定能使公司事業蒸蒸日上。

PART. 04

摸清對手的實力，才能發動攻擊

要想成功，就要勇於挑戰，然而，並不是魯莽地胡亂挑戰就能成功，只有對手力量微弱的時候，才是最好時機。

使用反間計使對方互相猜疑

如果想讓對方相信自己所說的，與其自己直接告訴對方，還不如由第三者將自己的話傳達給對方，更容易讓對方相信。

《孫子兵法·用間篇》說：「反間者，因其敵間而用之。」

對手派間諜來刺探我方軍情，被我方看出之後別急著點破，應該反過來把他當成自己的間諜，故意給他假情報，讓對手信以爲眞。以下「蔣幹盜書」的情節，就是三國名將周瑜的精采演出。

東漢末年，曹操率領大軍長驅直下，打算一舉統一中國。東吳霸主孫權命令周瑜率兵迎擊，兩軍於赤壁對峙。

曹操的水軍由善於水上作戰的蔡瑁指揮，全軍秩序井然，毫無漏洞可擊。

周瑜見此，心想：「若不採取對策，必定對我軍不利。」同時又想道：「蔡瑁投降曹操之後被任命為將軍，但此人投效曹操的時間甚短，何不利用這點，離間他與曹操之間的關係呢？」

此時，剛好周瑜的故友蔣幹過江前來拜訪周瑜，蔣幹是曹操的部屬，此行的目的是要勸誘周瑜投降曹操。

周瑜心中當然知道蔣幹的目的，於是，事先偽造了一封書信，信中內容為蔡瑁與自己約定背叛曹操等諸多事宜，然後，周瑜再邀請蔣幹到自己的房間敘舊。兩人重溫故情、把酒言歡，酒宴結束後，周瑜還邀請蔣幹到自己營中就寢，之後，周瑜便假裝酒醉，上床熟睡。

蔣幹看到周瑜已然熟睡，便悄悄進入房間偷偷翻閱周瑜的書信。他在這些書信當中發現那封蔡瑁與周瑜勾結的書信，於是偷走了這封信，急急忙忙趕回曹操的軍營，向曹操報告此事。

曹操聽到這件事，不辨事情真偽就將蔡瑁處死了。於是，曹操軍營裡頓時失去了善於指揮水上作戰的武將，導致在這場決定歷史命運的戰役中落敗。

「蔣幹盜書」可說是反間計的經典之作，不但名將岳飛多次運用，後來皇太極更如法炮製，計殺袁崇煥。反間計之所以屢屢成功，重點在於間接傳播，這種手法也可以運用在日常生活或工作場合。

即使對方就在自己的身邊，但如果想讓對方相信自己所說的，與其自己直接告訴對方，還不如由第三者將自己的話傳達給對方，更容易讓對方相信。

比如說，如果你想告訴某某課長你很尊敬他，這個時候，你如果直接跟課長說「課長您好厲害」，課長只會認爲你這個人很會拍馬屁而已。

可是，你如果跟某位同事說：「我們課長好厲害！」然後經由他將這句話傳到課長耳朵，這時候，課長就會認爲你眞的很尊敬他，就算這句話是言不由衷的謊話，對他也很受用。

經理人必須具備運籌帷幄的能力

身為企業的經理人要具備高瞻遠矚的觀察力和決斷力，不僅需要廣博的學識，而且思考該做何事之時，必須發揮高超的推理能力。

《孫子兵法．謀攻篇》談論將領優劣時說：「夫將者，國之輔也，輔周則國必強，輔隙則國必弱。」

將帥是國家最重的輔助者，將帥若能運籌帷幄，國家才會富強，反之便會積弱不振。對公司來說，經理人的地位也是相同的。

東漢末年，群雄競起，爭奪天下霸權，劉備也是其中之一，可是他沒有自己的根據地，只能在各地流浪。

某日，劉備聽說有一個頗有才能的謀士，名叫諸葛孔明，便親自到他的住處拜訪，並向他請教如何才能復興漢室，統一天下。

諸葛孔明這樣答道：「如今北方由曹操據守，曹操智勇雙全，擁雄兵百萬，挾天子以令諸侯。現在去和曹操爭，還不是時候。而南方有孫權雄據，孫權治理有方，身旁還有許多賢臣良將輔佐，你想取而代之，奪取江南也是十分困難的。」

孔明接著說出《隆中對》最重要的部分：「但是，我們來看西邊，荊州是一個交通要塞，而治理荊州的劉表勢力單薄。另外，益州是豐腴之地，而治理益州的劉璋不得人心，麾下的賢臣良將都希望改投明主帳下。閣下出身漢室，且因重信義而名揚天下，只需廣招天下英才以禮相待，奪下荊州和益州，與孫權聯盟共伐北方的曹操，定能復興漢朝，一統天下。」

於是，劉備依照諸葛孔明的謀劃採取行動，成功地穩固自己的根據地。

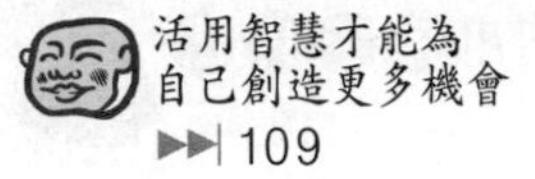

一個成功的經理人，必須要具備分析趨勢走向、全盤規劃未來的能力。有人認爲這種能力是十分少有的，實際上，只要努力學習就能夠培養出來。所謂的戰略性規劃，其實就像諸葛孔明一樣從大局出發，掌握現狀，思考要達成什麼目標，然後進行戰術運用。

這並不是困難的事情，只要經過長期磨練和演練，任何人都能辦到。所以，身爲企業的經理人要具備高瞻遠矚的觀察力和決斷力，不僅需要廣博的學識，而且思考該做何事之時，必須發揮高超的推理能力。也許，眼前形勢十分複雜，但只要能夠不斷學習，任何事情都可以迎刃而解。

做好規劃就不會亂無章法

不論懷有多麼遠大的目標，也不論擁有多麼堅強的實力，如果沒有計劃，順其自然，就不可能獲得成功。

《孫子兵法．謀攻篇》裡有一段話強調說：「必以全爭於天下，故兵不頓，而利可全，此謀攻之法也。」

「全」在此指全勝，而全勝指的是以最小的代價來戰勝敵人，獲得最大的利益，這才是謀攻的方法。現代人不打仗，但做事不能沒有計劃，沒有計劃便會分不清主次，導致行事亂無章法。

元朝末年，中國各地百姓紛紛起義，反抗蒙古暴政，其中，以朱元璋率領軍隊聲勢最為浩大。朱元璋佔領浙東的時候，請到當地極有名氣的謀略家劉基出任他的軍師，從此如虎添翼。

劉基最初並不打算出仕，後來被朱元璋的誠意感動，接受了他的盛情邀請，並闡述了自己奪取天下的戰略。

劉基分析說：「如今，我軍周圍有張士誠、方國珍、徐壽輝及陳友諒等四大勢力。方國珍與徐壽輝的軍隊相隔甚遠，而且這兩個人並沒有奪取天下的雄才大略，姑且可以將他們倆擱置不顧。不過，張士誠與陳友諒的軍隊相隔很近，於我軍威脅甚大。還好，張士誠沈溺於酒色，只有陳友諒對浙東一帶虎視眈眈。因此，我軍只要先盡全力擊敗陳友諒，張士誠就會孤立，我們便能輕而易舉地擊敗他。平定江南一帶之後，再北上討伐，定能一統天下。」

朱元璋聽了大喜：「先生，這個方略甚妙！今後還望先生不吝賜教！」

後來，朱元璋憑藉劉基的輔佐，率領軍隊作戰，消滅了陳友諒的軍隊，並趁勢擊敗張士誠，從而平定江南。

再後來，他又率大軍轉戰北方，將蒙古人驅趕到北方大草原，統一天下，創立了明朝。

不論懷有多麼遠大的目標，也不論擁有多麼堅強的實力，如果沒有計劃，行事漫無章法，就不可能獲得成功。

首先，把目標分爲近程、中程、長程，然後確實執行，只要先完成A，接下來完成B，最後完成C，就能達成目標。根據制定的目標，按照順序巧妙地採取行動，就一定能得到完美的成果。

制定目標之前，必須掌握現況，目標確定之後，弄清楚從現況到達成目標這段時期間必須解決哪些問題，然後再考慮解決問題的先後順序。

如此一來，就可以制定出一份出色的計劃。

不管是參加考試和工作時必須制定計劃，經營企業和領導團隊，都必須進行目標的制定，只要遵照前面所說的方法，就能夠輕易地完成目標制定的工作。

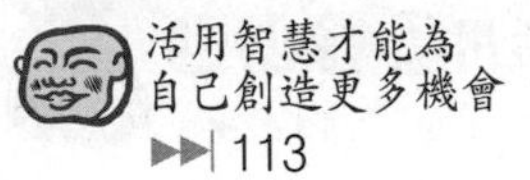

由上司的態度決定自己去留

人們常說：憑著事物外的外表無法對事情進行判斷，然而，這些表象有時卻能夠反映事情的一部分內容。

《孫子兵法．始計篇》中，孫子曾表明自己的任事態度：「將聽吾計，用之必勝，留之；將不聽吾計，用之必敗，去之。」

由字面上解釋，孫子說這句話看起來極爲自負，其實不然，去留的關鍵在「信賴」這兩個字上，在這裡的「將」是指君王，只有得到君王的信賴，爲下者才能夠依照自己的意思大展身手，倘若得不到信賴，即使預見失敗而提出忠告，也只會被視爲危言聳聽罷了。

春秋末期，曾經盛極一時的晉國早已名存實亡，朝政由智氏、韓氏、魏氏、趙氏四姓家權臣世襲把持。

趙襄子繼承家業後，實力最強大的智襄子向他強索兩處封邑，趙襄子不從，智襄子便率領韓康子、魏桓子合力攻打趙襄子。為了讓傷害降到最低，智襄子決定先包圍晉陽城，再施以水攻。

一日，智襄子的參謀絺疵對智襄子提出了忠告：「晉陽城即將陷落，很快便要平分趙氏的領土了，可是，我看到韓、魏兩家的君主卻悶悶不樂，想必他們正在謀劃著要背叛盟約吧！」

次日，智襄子對韓康子、魏桓子兩人說：「絺疵告訴我你們兩位打算背叛我，你們該不會這麼做吧？」

韓、魏兩人說道：「我們再怎麼愚蠢，也不至於蠢到寧願捨棄即將到手的利益而與你為敵，讓自己陷入困境吧！利弊得失，我們至少明白，這只不過是絺疵為了替趙襄子解圍，讓你對我們產生疑慮，從而放鬆對趙氏的攻勢罷了！」

這個時候，絺疵走了過來。看見絺疵過來，韓、魏兩人便趕緊離去。絺疵看到

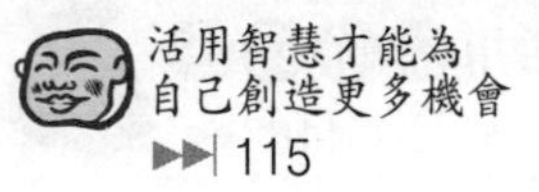

這個情形，不悅地對智襄子說道：「主君啊！您爲什麼要將我與您商談之事告知韓康子、魏桓子呢？」

「你怎麼知道的？」

「他們兩人一看到我就馬上離去，這不是很明顯嗎？」

經過這件事後，絺疵自知忠言逆耳智襄了無法接受，極感失望，於是放棄輔佐智襄子的念頭，黯然離開。

不久，韓、魏兩人果然違背誓約背叛了智襄子，轉而和趙襄子聯手滅了智氏一族。公元前四〇三年，周天子賜予韓、趙、魏三家諸侯封號，晉國正式滅亡。

人們常說：「單憑表面現象無法對事情進行判斷」，然而，這些表象有時卻能夠反映事情的一部分內容。

例如，心理學家認爲，兩個人對視時，如果一方很快便將目光移向別處，可以看出這個人性格較不堅定。

另外，如果說話的時候不斷地舔吸自己的嘴唇，也可以說明這個人性格則較爲靦腆，或是有些事藏在心裡不說。

身爲下屬想要出人頭地，更是要見微知著，了解上司對你的態度，若是上司願意重用，自然可以留下來一展長才，若是上司不信賴你，就必須反省自己是否有不足之處，若有就改盡，若沒有，那麼就另謀發展吧！

身爲一個領導者，也要懂得去發掘屬下的優點與長處，這才是知人善用的根本，千萬不要像智襄子一樣，過於托大而昧於局勢，又不懂得重用人才化解暗藏的危機，導致自己滅亡。

能夠聆聽別人忠告，才有進步的空間

自以為自己是專家，自滿傲慢，這種人根本無法成為真正的專家的，只有謙虛地向別人學習，才能成為真正的專家。

《孫子兵法．兵勢篇》裡說明領導者認清形勢的重要：「故善戰者，求之於勢，不責於人，故能擇人而任勢。」

領導者決定了一個國家的強弱、興衰，善於作戰的領導者不會苛責部屬，反而會選擇適當的人才去創造必勝的優勢。在下面這個故事中，皇帝無法接納臣下的諫言，延誤了援救的時機，甚至罷免有先見之明的官員。所幸這位皇上後來能夠承認自己的錯誤，不落入剛愎自用的陷阱中。

唐代中葉，唐朝軍隊和吐蕃軍隊打仗。兩軍纏鬥不休，最後吐蕃設下圈套向唐軍求和，並要求結盟。

唐軍的指揮官不知道其中有詐，便在陣地的帳篷裡爲舉行會談做準備。這時，吐蕃軍卻大舉偷襲，唐軍沒有防備，因而全軍覆沒。

而當天早朝，尚不知情的皇帝談起此事，對那位將領頗爲稱許，說道：「今日能與敵軍和談，眞是難得啊！」

皇帝左右的人都表示同意這個說法，但大臣柳渾卻擔憂地說道：「敵軍是反覆無常的，不應與之結盟，對於今天的會談，我很擔心。」

這席話觸怒了皇帝，柳渾立刻跪在地上叩頭謝罪，但仍被罷了官。

當天傍晚，敵軍趁著結盟偷襲導致唐軍全軍覆滅的快報傳來。皇帝大爲震驚，第二天立即親自向柳渾謝罪。

很多人因爲照自己的方式工作獲得了一些成果，便養成自以爲是的態度，且位階愈高的人，這種傾向愈嚴重。

因此，要是有人對他們提出忠告，他們會感到很不愉快，並忽視這些忠告，甚至還會憎恨這些對自己提出忠告的人。如果領導者性格頑固，那麼這種傾向也會存在，那是非常危險的。

某個企業爲了不使自己的產品於遠離市場潮流，會定期邀請家庭主婦參加企業舉辦的商品試吃大會。雖然家庭主婦是商品開發工作的門外漢，然而，有時必須聽取她們的意見，企業才能夠瞭解研發工作的盲點。

自以爲自己是專家而自滿傲慢，這種人根本無法成爲眞正的專家的，只有謙虛地向別人學習，才能成爲眞正的專家。

建立情報網，就能掌握對手的動向

參加一些與自己的工作無關的聚會，能夠聽到各自的真心話與實話，聊天話題也會充滿著蘊涵意外想法的暗示與啟發。

《孫子兵法．用間篇》說：「先知者不可取於鬼神，不可象於事，不可驗於度。必取於人，知敵之情者也。」

由此可見，古代人要獲得敵軍確實的資訊，主要是由「人」來取得，演變到今天，由「人」身上取得資訊就顯得更加重要了。

不論是同事之間的競爭，還是企業之間，都得留意別人刻意佈下的情報網，更要設法取得對自己有利的訊息。

南北朝時代，北周名將韋孝寬率軍屯駐在玉壁，謀劃策略、猛攻敵國北齊軍隊。韋孝寬善於採取懷柔政策收買人心，因此，被派遣到敵國的北周間諜，全都願爲韋孝寬赴湯蹈火。

此外，敵國的百姓也被韋孝寬用金錢收買，紛紛將各種本國的情報出賣給韋孝寬。因此，敵國的情報完全洩漏，韋孝寬對敵國的動向一清二楚。

有一回，韋孝寬命令大將許盆駐守重要軍事據點，要他堅守城池。但是，許盆竟想開城投降，將駐守的城池拱手讓給敵國。

由於韋孝寬的情報流通迅速，很快就知道許盆的計劃，及時派遣間諜將許盆殺死，免去一場大禍。

就這樣，韋孝寬靠著自己編織的嚴密情報網，一一掌握敵我的各種動向，而成爲戰場上的常勝軍。

上班階級忙裡偷閒相約去喝酒的時候，一般都是和自己意氣相投的朋友一起去，每次聚會的成員大體相同。

據說，有個經驗老到的商業間諜，每天下班以後都跟人去喝酒，可是卻並不總是跟同一群人出去，而是和不同族群，如果昨天和釣魚愛好者一起喝酒，那今天就和電腦愛好者一起喝。

這是因爲，如果老是和同樣一群人一起，聊天的話題就會有所框限，無法獲取想要的各種最新資訊。

想要獲得有用的資訊，應該經常參加一些與自己的工作無關的聚會，因爲與工作無關，所以能夠聽到各自的眞心話與實話。因爲話題沒被工作限定，所以聊天話題會充滿著蘊涵意外想法的暗示與啓發。

只要我們平時多加注意，多方面收集資訊，進行歸納分析，那麼就能成爲「資訊通」，比別人早一步掌握情勢。

摸清對手的實力，才能發動攻擊

要想成功，就要勇於挑戰，然而，並不是魯莽地胡亂挑戰就能成功，只有對手力量微弱的時候，才是最好時機。

《孫子兵法．虛實篇》說：「出其所不趨，趨其所不意。」

這句話的意思是，摸清敵人的虛實，攻打敵人不知道或救不了的地方，在敵人意想不到的情況下發動突襲，便能輕易地取勝。

東漢末年，曹操率領大軍大舉進犯荊州，諸葛孔明爲了幫助劉備渡過難關，親自前往東吳尋求救援。

諸葛孔明對孫權說道：「曹操的軍隊遠征，長途跋涉早已疲憊不堪，逼近豫州之時，還晝夜持續行軍三百里，不管曹軍的人數有多龐大，軍隊必然無力征伐。再者，北方人不擅水戰，和南方人對陣並無勝算。荊州百姓雖處於曹軍統治之下，但只不過迫於曹軍武力的淫威而暫時臣服。」

孔明接著說：「如今，閣下只需將大軍交付勇猛的將軍，與我方軍隊同心協力聯合攻曹，定能擊潰曹操軍隊。曹軍一旦敗北，勢必逃往北方。如此一來，荊州與貴國的勢力必能壯大，從而形成三國鼎立之勢，以牽制曹軍勢力。」

孫權聽了這番分析，忙稱孔明所言極是，於是任命周瑜指揮大軍，與蜀軍聯合，迎戰曹操百萬大軍。

果然，曹操軍隊在赤壁敗北，三國鼎立的局勢形成。

要想成功，就要勇於挑戰，然而，並不是魯莽地胡亂挑戰就能成功。

只有摸清對手的虛實，得知對手力量微弱的時候，才是最好時機。比如說，與

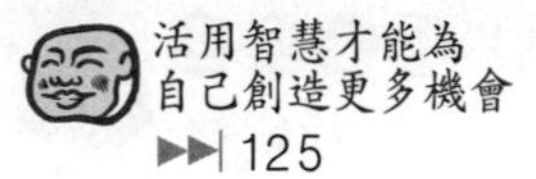

自己競爭的企業因爲不正當行爲導致形象、信譽下降，這個時候，正是向對手發動攻擊，擴大自己產品銷售量的好時機。

競爭對手的商品不被消費者喜愛，銷售呈現疲軟，而自己企業商品的銷售量上升，這時候可以大舉進行促銷，提升商品知名度。

另外，假如國外經濟不景氣，那就是基於戰略考量，收購、兼併外國企業，壯大本身勢力的最佳時機。實際上，許多跨國企業就經常運用這種模式，收購兼併外國企業，拓展自己的市場。

先觀察對手反應，再決定如何因應

不管是交涉，還是競爭，只要對手容易受誘惑，那麼掌控權就會落在自己手上，事情一定會朝著有利於我方的方向發展。

《孫子兵法．兵勢篇》說：「亂生於治，怯生於勇，弱生於強。」

這是因為，「能治」才能以亂誘敵，「眞勇」才能以怯欺敵，「實強」才能以弱致敵，要測試敵方將領的能耐，也必然由此出發。以下是戰國名將吳起對「智將」和「愚將」的分析。

戰國時代，魏國君主魏武侯就如何推測戰場上敵將的能力，請教吳起。

吳起答道：「挑選出身低微但勇於作戰的人，讓他率領衣著輕便的優秀士兵試著攻擊敵軍。只許敗退，不許勝利，然後，再觀察敵軍如何應對我軍的攻擊。」

吳起分析說，倘若敵軍無論前進或後退與否，都秩序井然，我軍即便敗逃也不追趕，我軍即使露出破綻，敵軍也不予理睬，那麼敵將必定是名「智將」，我方便不可輕易與他作戰。

吳起接著說，倘若我方進攻，敵方全軍嘈雜不堪、軍旗晃蕩，各隊士兵任意行動，隊列散亂，而我軍一旦敗逃，敵軍就慌忙追擊，我軍示之以利，敵軍就迫不及待，就可以推斷敵將是名「愚將」，敵軍即便強大，我軍也能取勝。

孫子兵法厚黑筆記

《孫子兵法》有云：「知己知彼，百戰不殆。」

要想戰勝敵人，很重要的一點就是要瞭解敵人，所以，在太平洋戰爭中，美國軍隊使出各種方法，儘量去瞭解自己的強敵德國人和日本人的性格。

任何形式的競爭都一樣，如果想要瞭解自己的交涉對手和競爭對手的實力，故意假裝落敗也是其中的一種手段。

不管是交涉還是競爭，只要對手容易受誘惑，那麼掌控權就落在自己手上，事情一定會朝著有利於我方的方向發展。

所以，要試著引導事情的發展方向和進展。交涉之時，試著向對方稍微透露己方對交涉的期望，假如對方願意妥協，那麼雙方的立場就已不再敵對，交涉也能按我方的意圖順利進展。

不過，如果經過暗示，對方沒有任何妥協的打算，那麼對手必定是個極難對付的強敵，應當心生警惕。

每一次競賽的勝負，都不是絕對的，不過，偶爾可以試著引導事情的進展。

不要讓下屬「疑心生暗鬼」

人一旦抱有疑心，就會對任何東西都產生恐懼，從而抱有危機感。利用這種心理，可以煽動對方的不安情緒，從而動搖對方的信心。

《孫子兵法．始計篇》強調戰術必須靈活運用：「強而避之，怒而撓之，卑而驕之，佚而勞之，親而離之。」

這些都是以弱勢勝強的方法，其中「親而離之」更是一種挑撥離間的方式。人只要在一起就會產生利害關係，不論再怎麼親密的組合，還是會有見縫插針的空隙，一旦疑心被挑起，就會產生嫌隙。

戰國時代，名將樂毅率領燕軍攻進齊國。轉眼間，燕軍差不多控制了齊國全部

的城池，齊國只剩下「莒」和「即墨」兩座城池。然而，這兩座城池的駐軍和居民卻精誠團結，誓死抵抗燕軍的進攻，燕軍攻擊行動受阻，最後改採圍城戰術。

當時的即墨城由於守將戰死，智勇雙全的小官員田單被推舉爲統帥。

恰好此時燕昭王病死，燕惠王即位。田單聽說這件事，心想：「燕惠王在當太子的時候，經常被樂毅頂撞，至今仍對樂毅無比痛恨。我們只要好好利用這件事，就能挽回危難的局面。」

於是，田單就派間諜到處散播謠言：「樂毅爲惠王所厭，害怕惠王會誅殺自己，因此想自己登上齊國大王的寶座。如今因爲齊國百姓尚未心服口服，所以故意慢慢攻打即墨城，想爭取時間稱王。」

謠言傳到燕國，燕惠王不疑有他地相信了謠言，解除樂毅的官職，派遣別的將軍接替樂毅。齊軍從敵軍口中得知名將樂毅被撤換了，立即軍心振奮。

人一旦抱有疑心，就會對任何東西都產生疑懼，進而抱有危機感。利用這種心理，可以煽動對方的不安情緒，從而動搖對方的信心。

比如說，勸別人戒煙的時候，可以把因爲吸煙而燻黑的肺部X光片展示給對方看，讓對方明白吸煙會對身體產生多大的傷害，從而令對方對香煙產生恐懼感。

相反的，倘若只是講些威脅的話語，抽煙的人雖然會覺得吸煙很恐怖，但欠缺恐懼感，仍然不會戒煙。

想要讓人採取實際行動，心理學的實驗告訴我們：只有建議他們怎樣做才會有效果。上司責罵下屬的時候也一樣，光靠發怒、威脅是起不了作用的，如果不告訴他們應當怎麼做，下屬的行爲還是不會改正的，這時，部屬反而容易遭人利用、挑撥離間，引發對上司的反感。

PART. 05

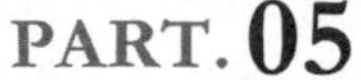

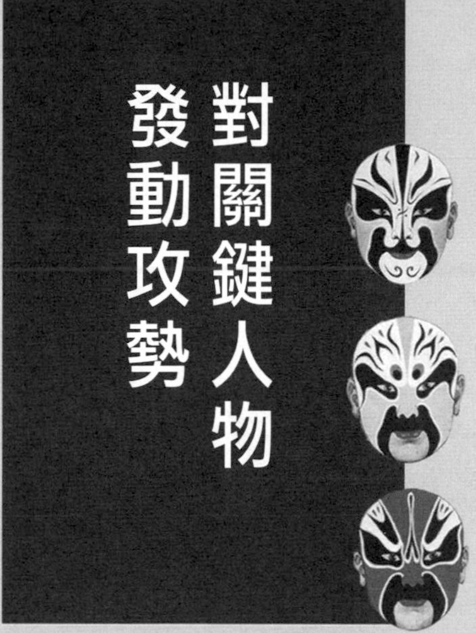

對關鍵人物發動攻勢

無論怎樣的組織，必定會有掌握組織大事的重要人物。因此，交涉時，直接對付重要人物是非常重要的一點。

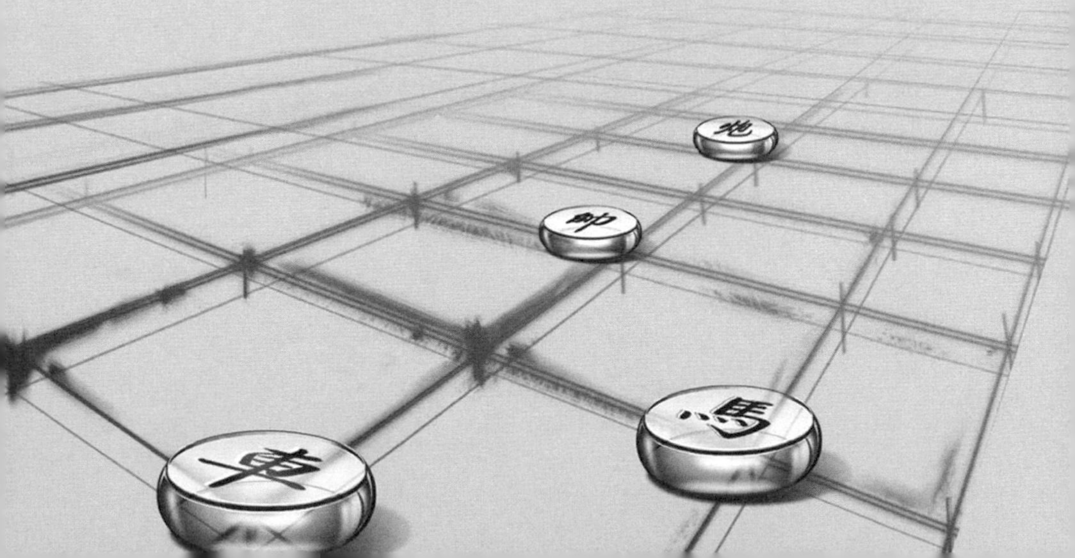

對關鍵人物發動攻勢

無論怎樣的組織，必定會有掌握組織大事的重要人物。因此，交涉時，直接對付重要人物是非常重要的一點。

《孫子兵法．九變篇》說：「是故屈諸侯者以害。」

弱化敵人最好的方法就是攻擊對方的要害。春秋末年吳越相爭，吳國的要害便是伍子胥，所以越國就讓人分化吳國君臣的感情，因而能打敗吳國。

春秋時代，越王勾踐興兵侵略吳國，反而被吳王夫差打敗，陷入困境，大家都認爲越國很快就要滅亡了。

勾踐向夫差請降，但是，吳國大臣伍子胥反對，因而未被許可。越國大臣文種對越王勾踐建議說：「吳國宰相伯嚭貪得無厭，只要贈送他美人和寶物就可以收買他！」

於是，越王派密使賄賂伯嚭，拜託他向吳王說情。

伯嚭接受了賄賂，對吳王說：「越王自願做陛下的臣下，您若允許他，顯示出大國氣度的話，對我國爭霸天下十分有利！」

吳王聽信了此話，允許了越王的投降。

但伍子胥強烈反對接受越王投降，分析說：「吳越是世仇，若現在不消滅越國，以後越國就可能成爲我國的禍害。」

但無論伍子胥如何反對，吳王都充耳不聞，從此以後，夫差與伍子胥的關係就變壞了。伯嚭見此，認爲這是打倒子胥的良機，便在吳王面前說伍子胥的壞話。吳王聽信他的讒言，便令伍子胥自殺。

伍子胥知道無論再說什麼都無濟於事，於是預言說吳國必定滅亡，隨後便自殺了，果然，數年後，吳國被越國滅亡了。

無論怎樣的組織，必定會有掌握組織大事的重要人物。因此，進行交涉談判時，直接對付重要人物是非常重要的一點。但是，如果不瞭解重要人物的人品和喜好如何，就無法實施攻略。

推銷新商品時，如果對方的重要人物重視利潤的話，提出一些盈利方面的願景或者企劃，如新商品能給對方帶來多少具體利益等，一定能收到效果。

但是，若對方著重在未來發展的話，一味談論如何賺取利潤，就會被他討厭，因此，面對這種類型的客戶，就必須用心計劃，並且以誠懇的態度說服對方。這樣一來，對方才會因爲了解未來的發展性而願意購買。

阻礙，是成就事業的階梯

人在開創新事業時，必定會遇到阻礙。無論情況多麼困難，仍勇敢地面對，最後一定能化險為夷，走向成功。

《孫子兵法．火攻篇》說：「非危不戰。」

孫子在談論兵法謀略時，從未鼓勵輕啓戰端。在無利可圖的情況下開戰，自然是因爲情勢危急，不戰就沒有出路，因而不得不開戰，在這個情況下，攻擊便是最好的防備，千萬不能因爲情勢困難而輕言放棄。

五代十國初期，後梁軍攻擊後唐領土中的德勝城，同時將十幾艘船艦相連，堵塞河道，使後唐國的援軍無法過河。

後唐君主李存勗率軍隊想要救援德勝城，卻因無法渡河而苦惱。而且，此時城中軍隊的箭矢所剩無幾，補給又被截斷無法到達，戰況十分危急。

李存勗公開召募突破封鎖的良策，但是，沒人想到什麼好辦法。

這時，部下李建及自告奮勇：「如果一直這樣無法渡河的話，敵人就成功了。我拚死也得想出辦法。」

於是，李建及挑選了三百多個不怕死的士兵，身著盔甲，指揮幾艘小船，向敵艦駛去。從後梁軍的船艦上射來的箭如雨般落過來，李建及毫不畏懼，舉起斧頭大叫：「別讓敵人胡作非爲。」一面鼓舞士氣，一面命令小船鑽入敵艦間隙。

後唐軍的士兵們破壞敵人連接船艦的竹竿。接著從上游放下燒著了的小舟，使敵艦著火。李建及就這樣攻入了德勝南城，後梁軍見狀，立刻逃走了。

人在開創新事業時，必定會遇到阻礙。有人看到眼前的障壁，就被嚇得止步不

前，不敢越雷池半步，倘若一直因爲害怕困難而停止前進的話，無論如何也無法進步。反之，也有些領導者，無論眼前的情況多麼困難，仍勇敢地面對，最後總能化險爲夷，走向成功。

大和運輸剛開始做宅急便業務的時候，想要擴大業務的範圍，卻無法取得政府的許可，而且顧客也較爲信任郵政包裹，根本沒考慮過宅急便，因此，遇到很大的障礙。但是，大和運輸並不死心，不斷努力突破，即使犧牲利潤也要讓顧客覺得滿意，因而逐漸發展出現在的規模。

所以，要成就事業，就要能突破困難，因爲阻力從來都不會阻撓我們，會阻撓我們的是我們自己的心。

靈活運用，就會發揮意想不到的效果

把不利化為有利，把劣勢轉為優勢，甚至在失敗中找出成功的契機，這才是一個領導者應有的精神。

《孫子兵法．虛實篇》說：「形而知死生之地。」

形的意思即爲現形，我方現出假兵形以欺敵，讓對方由有利可圖而陷入困境，這是利用對方急功近利的心理。要點在於如何讓對方相信，或者是投注努力，讓我們的期待成爲事實。

戰國時代，由於大將樂毅率燕軍大舉侵略，齊國只剩下即墨和莒城兩座城池尚未被攻陷，情勢岌岌可危。

守衛齊國即墨城的田單利用策略，成功地令燕王將名將樂毅殺死，接著命人將城內所有的牛隻都集中起來，在牛角上縛上利刀，牛尾巴上綁上柴火。

然後，田單下令悄悄地在城牆上挖了數十個洞，等待夜幕降臨，便把牛從洞中趕入燕軍的陣地，並在牛尾巴的柴上點著火，牛隻疼痛難當，發瘋似地衝向燕軍士兵。燕國士兵不知發生什麼事，驚慌失措，抱頭鼠竄。

而且，緊接在牛群之後，五千精兵殺入燕軍陣地。同時，城內的老人和婦女也敲鑼打鼓，一時間戰鼓齊鳴，殺氣衝天。

燕軍士兵以為大軍來攻，非常恐慌，爭先恐後地逃跑。齊軍乘勝追擊，一舉擊破燕軍，並且將被佔領的土地全部奪回。

本來牛隻是用來耕作的，因此燕軍在戰場上看到奇形怪狀的牛隻，一定會感到驚慌失措，以為對手有神兵相助，這時候軍隊最需要的氣勢就蕩然無存了。

田單利用了這種心理，將戰場上原本不具什麼作用的牛隻，成爲幫助作戰的利器。

這種策略若用現代的例子來說明的話，就像新商品的開發。

某公司投資進行新型黏著劑的研發，可是卻只開發出黏著力差的黏著劑。本來，像那樣黏著力差的黏著劑，應作爲失敗的產品扔掉。

但是，該公司卻活用黏著力低的特點，開發出便利貼來，而這個產品現在已成爲事務上不可或缺的文具。

所以，把不利化爲有利，把劣勢轉爲優勢，甚至在失敗中找出成功的契機，這才是一個領導者應有的精神。

要成功，就要抓準時機突破困難

無論是在戰場、商場，還是職場上，沒有哪個成功是容易取得的。只有忍耐各種艱辛，超越形形色色的痛苦，才能取得最大的成功。

《孫子兵法．行軍篇》說：「夫惟無慮而易敵者，必擒於人。」一個輕謀淺慮，輕敵躁進的將領，一定會被對手擊敗。因此，有見地的人往往可以抓住對方輕敵躁進的時機，突破各種困難，而取得最後的勝利。

唐代後期，吳元濟割據蔡州，為所欲為。

李朔前往討伐，於某個風雪交加之夜，命令戰士立即出陣。當部下將士詢問前往目的地時，他這樣回答道：「去蔡州城，討伐吳元濟。」

將士們想到風雪的猛烈，心中都感到畏怯，但是李朔堅決要出戰，將士們只好跟著李朔做好必死的準備。

雪愈下愈大，十人中大約有三人因寒冷而凍死，但是，軍隊並沒有停止前進。

另一方面，吳元濟待在蔡州城，心想自己既佔據著有利的地勢，又久未有唐軍來襲，就放鬆了警惕。因爲懈怠警戒，連李朔的軍隊靠近都沒察覺。李朔的前鋒趁機登上蔡州城城門，殺死守衛，然後假扮成守門的士兵，等待天亮。

第二日早上，李朔命扮成叛軍的前鋒打開城門，親自率大軍入城，擒捕了吳元濟。此時，吳元濟正在家裡睡覺，完全不知道自己早已成了階下囚。

就這樣，蔡州再度回歸唐朝。

突破困境是很辛苦的事，所以，每個人都希望自己能避開困難，過得舒適安穩一點。但是，天下沒有白吃的午餐，無論是在戰場、商場，還是職場上，沒有哪個

成功是容易取得的。

只有忍耐各種艱辛，超越形形色色的痛苦，才能取得最大的成功。人們爲了克服這些艱辛痛苦，會更加用心努力，努力了還要再努力，用愈挫愈勇的精神來面對這些苦難，在這過程中，也讓自己掌握了戰勝困難的智慧。

我們可以看到，許多傑出的企業家，都曾在年輕的時候經歷了許多的困難，他們並不是憑空獲得現在的成就，當大家羨慕他們的同時，是否能夠靜下心來思考他們爲什麼能夠成功呢？

經濟不景氣的年代，很多人都過得十分辛苦，也許你和大多數人一樣不斷地怨天尤人，但是只要你願意踏出第一步，勇於突破眼前的困難，這些經驗一定會成爲你未來成功的契機。

用新奇的手法讓客戶移不開眼睛

企業要推銷商品，並不是投注愈多廣告費，就能立竿見影看到銷售成果，取得顧客的注意是十分重要的。

《孫子兵法．行軍篇》有段話這麼說：「兵非益多也，惟無武進，足以併力、料敵、取人而已。」

兵力不是愈多，實力就愈強，是因爲軍人不恃武躁進，能夠凝聚共識，客觀地評估現在的狀況，實力才會堅強。

唐代，吐蕃軍襲擊瓜州，殺死了駐守瓜州的官員，百姓一聽到消息，紛紛四處逃命。

這時，唐朝派遣張守桂作新任地方官。

張守桂剛上任，便立即指揮一萬餘名的士兵修復瓜州城，然而士兵們才剛把工具準備好，吐蕃軍突然攻來。

那時，城內的防守武器與兵力都不足，情況實在萬分危急。

城內的士兵們見到吐蕃大軍的壯盛軍容，個個臉色發白，完全失去戰意。

這時，張守桂說：「敵衆我寡，硬拚只會失敗，行軍作戰不能只拿武器交戰，我們要以智退敵。」

張守桂登上城牆，命人準備好酒宴，奏起音樂，與將士們飲酒作樂。

瓜州城外的吐蕃軍首領見狀，懷疑張守桂在城內設了圈套，於是下令中止攻擊，慌忙地逃走了。

企業要推銷自己的商品，必須靠創意，並不是投注的廣告費愈多，就能立竿見

影看到銷售成果。

廣告的功能就是要能取得顧客的注意，如果推銷廣告十分平凡，顧客完全沒有興趣，那就等於是企業將龐大的費用丟到水裡，沒有任何作用。

相反的，推銷商品的時候，假如銷售人員一開始就說：「沒有作用」，使用這種超出顧客預期的話來吸引顧客，顧客一定會感到十分意外，然後會吃驚地問：「爲什麼？」並豎起耳朵聽下去。

引起了顧客的注意，並不代表顧客就會去購買商品。因此，應確定自己爲什麼要讓顧客感到意外，同時思考適於產品的推銷方式，完整的告訴顧客產品的優點，這樣才能成功的把商品賣出。

用智慧替自己製造機會

無論面對多麼強大的對手，無論是多麼不利的情況，只要找到對方的弱點，就可把對方擊敗。

《孫子兵法．虛實篇》有一句話是這麼說的：「以吾度之，越人之兵雖多，亦奚益於勝敗哉？」

在對手不知情的情況下，鎖定會戰的日期與地點，因此我方有準備，而對方不知該防備，不論敵人的兵馬有多少，我方一定能夠因爲這項優勢取勝。

南宋初年，楊玄乘金軍侵略之機叛亂，岳飛受朝廷之命，率軍隊前往討伐。

楊玄的水軍擁有車輪船，這是一種使用水車，可於水上自由自在且飛速地航行的軍船。楊玄利用它的特性快速靠近宋軍船艦，並利用車輪上搭載的大棒敲碎敵艦，宋軍的船艦對車輪船毫無辦法。

爲了克敵致勝，岳飛製作巨大的木筏，封鎖周邊所有的船泊處。並且找來許多木頭和草鬚，讓它們從上游往下漂。

接下來，岳飛召集聲音大的部下，讓他們在淺灘處挑釁楊玄的水軍。辱罵的聲音讓楊玄的水軍大怒，驅動車輪船逼近，沒想到卻被木頭與草絆住，水軍無法移動寸步。

還沒來得及讓楊玄想出辦法，岳飛的水軍忽然一齊湧來，發起襲擊。楊玄的水軍只得慌忙把船划到船泊處去，沒想到，船泊處卻埋伏著乘在巨大木筏上做好準備的宋軍。宋軍一面用巨大的盾擋住流箭，一面用大棒打壞楊玄軍隊的車輪船，於是，楊玄走投無路，最後戰死了。

與實力強大的對手競爭時，很容易失去信心或者失去鬥志。但是，無論多麼強大的對手，只要利用智慧與謀略，都能找到對手的弱點進而擊敗對手。

例如，立樂包飲料流行起來後，罐裝果汁的銷售立刻下降，罐子製造商的收益就減少了。苦惱的罐子製造商反覆的研究，開發了立樂包式的罐頭容器，並順道賣出這些商品，而令收益不再惡化。

這個例子說明了，無論面對多麼強大的對手，無論是多麼不利的情況，只要找到對方的弱點就可把對方擊敗。

善用手邊的小資源，垃圾也能變黃金

如果肯去尋找的話，就能發現許多加以利用便能產生價值的東西被閒置，即使是垃圾也能成為一種資源。

《孫子兵法．地形篇》說：「知天知地，勝乃不窮。」

這句話是說，將領明白天時與地利的話，勝利將無窮無盡。天時與地利並不侷限在天候與地形，我們要將觀念擴展到整個大自然，甚至宇宙。

東漢末期，曹操的軍隊與馬超的軍隊在渭南對峙。

那時，曹軍的防禦工事尚未完成，馬超軍見對方防守不嚴，認爲是進攻的好時機，便發動攻擊，使曹操軍身陷危機之中。

在這樣的情況下，有個人向曹操提出了他的計策：「近日都是陰天，接著就要下雪了，天氣一冷，水就會結凍。請您下令士兵搬運泥土，然後以水澆濕，天亮之時就可築起堅固的陣地。」

曹操認爲此計可行，令士兵堆積泥土，並用水澆濕，果然，那天夜裡寒風呼嘯，不久水就因天氣寒冷而凍結了。

就這樣，在天明之前，一道堅固的防禦工事就築起來了。馬超見到這座堅固的城牆，大驚失色說：「難道曹操有神相助嗎？」

馬超心中畏縮，尙未開戰就已經失敗了。

就這樣，曹操靈活地利用了大自然力量，克服了不利因素，打敗了馬超。

無論是軍隊還是企業，人力、物力、財力等資源是不可或缺的，但是，這些也都是有限的，如果可以好好地利用身邊的素材，就可以增加自己的資源，就像前段

描述的曹操的例子那樣。

如果肯去尋找的話，就能發現許多加以利用便能產生價值的東西被閒置，即使是垃圾也能成爲一種資源。

在環保掛帥的現代社會，大型垃圾的處理得花上大筆經費，非常麻煩，所以處理這種大型垃圾的行業非常受到消費者歡迎，甚至還有人利用這些大型垃圾，開設資源回收利用店，經營得十分成功。

這種回收利用店，有規模很大，擁有能夠修理物品的專門人員，將大型垃圾修復或改裝成好用的商品，用便宜的價格販售，再次利用。

所以，我們要抱著什麼都可以利用的精神，珍惜身邊的東西，這樣的話就能發現許多可以利用的素材，同時坐擁無限商機。

思慮清明，才不會因小失大

為了在商業競爭中取勝，不能侷限於眼前的利益，而要讓自己的思慮清明，去貫徹自己的計劃。

《孫子兵法．地形篇》有句話強調管理的重要：「將弱不嚴，教道不明，吏卒無常，陳兵縱橫，曰亂。」

在這裡所說的，是將領帶兵的大忌。沒有做好管理兵卒的責任，任由軍隊散亂，命令下達就沒有效果。反過來說，要打勝仗的人，沒有任何外在事物可以擾亂他的意志，所以能夠貫徹始終，達成目標。

東漢末期，馬超等人率軍攻打潼關。曹操前往討伐，令人準備船隻，想要渡河到北面去，攻擊馬超軍的背後。

然後，正當曹操指揮渡河時，馬超的軍隊突如其來突襲曹操。許褚急忙背起曹操，想要乘船逃走，但是，那時馬超的軍隊已經殺到河岸，並且用箭射擊曹操。

該縣的知縣丁裴眼看曹操身陷險境，連忙把他轄區裡的牛馬全數放出。馬超的士兵一發現牛馬，一時之間忘了自己在打仗，便開始爭先恐後地捕捉。

這樣一來，馬超軍的士兵被牛馬分散了注意力，忽略了攻擊，讓曹操獲得一線生機。由此可見，馬超帶軍，行令必然不嚴，也註定了他未來的必敗之局。

見異思遷的人，很容易就會被眼前的利益蒙住了眼睛，而遭受失敗。被小小的利潤迷惑，沒有評估各種條件，馬上購入新的金融商品，結果害公司破產、倒閉的事也屢見不鮮。因此，管理自己的心，就像是將領帶兵，進退都要有一定的法度，不能任由思慮混亂、妄下決定。

無法抗拒眼前利益，是人們最大的弱點，若能抓住這個弱點，不只可以求生存，還可以獲取暴利。交涉時，向對方表示他能得到什麼樣的好處，用利益來蒙蔽對方的眼睛，常能使事情朝我們預定的方向進展。

若是自己被眼前的利益蒙住了眼睛，就容易失去到手的成功。例如，某營者精於推銷之術，得到了許多的顧客。但是，光想著賺錢，不知提高顧客服務品質的結果，顧客感到「被騙」而不再光顧，他的事業也以失敗告終。

所以，爲了要在商業競爭中取勝，不能侷限於眼前的利益，而要讓自己的思慮清明，去貫徹自己的計劃。

錯估形勢是失敗的開始

英國作家約翰遜在《拉塞勒斯》一書中寫道：「一個人的智慧或美德難得使眾人幸福，然而，一個人的愚昧或惡行，卻常能使眾人不幸。」

《孫子兵法．九地篇》說：「依九地之變，屈伸之利，人情之理，不可不察。」在變動不羈的競爭環境中，一個英明的領導者必須根據不同的情勢，採取相應的作戰方針，不管伸縮、進退，都應該進行客觀的評估，如此才能獲得勝利。千萬不要錯估形勢，讓自己一敗塗地。

公元前七四三年，十四歲的寤生繼任爲鄭國國君，史稱鄭莊公。

過了三年，衛國爲了擴張領土，便聯合宋、陳等國準備進攻鄭國。爲了離間衛

國的主要盟國陳國，鄭莊公派遣使者到陳國去要求和好，並希望結成聯盟。

不料，陳桓公打從心裡瞧不起鄭莊公，不願與鄭國結盟。陳桓公的弟弟五父向他勸諫說：「對鄰國親近、仁愛和友善，是立國的根本。為了顧全這些，您應該考慮答應鄭國的要求。」

但是，陳桓公根本聽不進五父的話，反駁說：「宋國和衛國都是大國，它們才是我們陳國得罪不起的。像鄭國這種小國，能有什麼作爲？就算得罪它，它也不能把我們陳國怎麼樣！」

鄭莊公得知陳桓公拒絕與自己結盟，執意要配合衛國出兵，不禁勃然大怒。於是，公元前七一七年，他率領大軍攻伐陳國，陳桓公倉促率軍應戰，結果大敗。

後來，史學家發表評論說：「友善不可丟失，罪惡不能滋長，陳桓公便是最好的寫照，一直做罪惡的事而不知改過，最後一定會自食其果。」

英國作家約翰遜在《拉塞勒斯》一書中寫道：「一個人的智慧或美德難得使眾人幸福，然而，一個人的愚昧或惡行，卻常能使眾人不幸。」

古今中外的聖人賢者無不勉勵世人要時時為善，如果明知自己所作所為是錯誤、罪惡，仍一意孤行，勢必難以得人諒解，最後必將自食惡果。

陳桓公的驕傲自大、近視短見，既錯估形勢又不聽別人勸諫，終於為自己和國家帶來一場毫無勝算的戰事，惹得無端百姓受害，民不聊生，國力更因為此役而衰竭，實在不值得同情。

錯估形勢是失敗的開始，千萬不要志得意滿地瞧不起一些看似微不足道、卻充滿潛力的小人物，而應該設法與他們和睦共處。否則，等他們的勢力壯大之後，遭殃的人必然是自己。

釜底抽薪，才能底消滅敵人

人際關係既有友善的一面，還有險惡的一面。想要排除險惡，不妨運用「釜底抽薪」的計策，戰勝給你帶來險惡的人。

擺脫慣性，才不會陷入險境

只有在事故發生前做好準備，一旦事故發生才不會慌亂不知所措，才能加強危機管理的能力。

《孫子兵法．始計篇》說「攻其無備，出其不意。此兵家之勝，不可先傳也。」攻其無備，就是在敵人沒有準備的情況下發動攻擊；出其不意，就是在敵人料想不到的情況下出奇制勝。不管什麼時候，人總是會做出慣性動作，並且下意識地揣測對方的行動，若是能夠利用這種心理，便可找出對手策略的破綻。

不論進攻或是防守，只要掌握對手的思考模式，就能攻其不備，至於自己心態上的弱點，更要想辦法克服，平常便要針對不足之處加以準備。

南北朝時期，南齊派出了數萬人的軍隊攻打北魏，北魏的大將軍傅永率兵迎敵。兩軍隔著長江相望，相距數十餘里。

傅永心想，南齊的軍隊最慣用的手法就是夜襲，這次應該會用此招。因此，傅永把軍隊分成左右兩分隊，埋伏在軍營的兩側，佈下陷阱靜候敵軍來襲。

傅永又想，敵人夜襲的時候，爲了軍隊撤回的時候容易渡河，必定會在淺灘的地方點起火把做記號。因此，他又派人偷偷地渡河到對岸，在河水很深的地方準備好篝火，命令士兵一看到敵人的火把點燃，就把篝火也點燃起來，引誘敵人的士兵往水深的地方渡河。

那一夜，果然不出所料，南齊軍大舉來襲。但是，傅永早已佈下了重圍，一聲令下，等候在軍營兩旁的北魏軍立即殺出，被殺得措手不及的南齊軍潰不成軍，慌忙四處逃竄，爭先恐後地朝河邊奔跑。

誰知，跑到河邊一看，到處都點著火把，分不清到底什麼地方深、什麼地方淺。此時，後面的追兵殺近，由不得他們再猶豫，只得朝眼前的火把衝去，一到水裡才發現河水很深，馬上就被湍急的河水沖走了，許多不會游泳的士兵頃刻便被淹死，南齊軍慘敗而歸。

人們常說，樂觀的人比較容易成功，悲觀的人通常失敗。這是因爲悲觀的人常常會考慮事情不好的方面。但是，只要不鑽牛角尖，悲觀也有悲觀的好處，經常想定最壞的結果，萬一眞的遇上麻煩，就會有心理準備，能夠應對自如，因此，「理性的悲觀」算不上是什麼壞事。

樂觀的人只考慮事情好的方面，一旦遇到突發狀況卻毫無準備，那可就糟了。

舉個例子，某些公司的總裁總是樂觀地想，公司應該不會發生什麼事！直到公司不幸發生了事故，才急忙思考對策，顯然已經太遲了。

只有在事故發生之前就做好萬全準備，一旦事故發生才不會慌亂不知所措，才能加強危機處理的能力。所以，企業平常就應加強訓練出現危機時必備的應對技能，考慮最壞的結果發生後應該如何挽救，如此才能從容面對變故的發生。

太過信賴，最容易被出賣

如果只是基於利害關係而相互結合，這種結合很容易被破壞。所以，如果對方不值得信賴，那麼還是不要合作為宜。

《孫子兵法．始計篇》強調要把每一次戰爭都當成存亡的關鍵：「兵者，國之大事，死生之地，存亡之道，不可不察也。」

這句話是說，戰爭是國家大事，決定了國家是否可以存續，因此，作戰時要非常謹慎小心。引申到現代企業，不論在策略上，或是與其他公司結盟，甚至是公司內部人事，都會影響企業的經營，面對這些問題時，一定要多加注意。

公元六八一年，唐高宗開耀元年，突厥族的阿史德溫傅與兵作亂，和阿史那伏念聯手發動戰爭。於是，唐高宗任命裴行儉爲司令官，負責討伐反叛亂軍。

裴行儉派遣大量間諜進行情報蒐集工作，並且挑撥離間，使阿史德溫傅與阿史那伏念兩人互相猜疑。阿史那伏念擔心自己被阿史德溫傅搶先下手暗算，於是秘密向裴行儉遞交降書，希望裴行儉能夠接受他的投誠。裴行儉並不將此事公開，只是暗地裡答應了阿史那伏念的請求。

數日之後，外出執行偵察任務的士兵發現天空升起狼煙，著急地向裴行儉報告。於是，裴行儉召集了全軍的指揮官，對他們說：「那處的狼煙，肯定是阿史那伏念活捉了阿史德溫傅前來向我軍投降的信號。不過，我們在接受敵軍投降之時，很有可能遭到敵軍襲擊，大家絕不可以放鬆警戒！」

不久，阿史那伏念捆綁著阿史德溫傅來到裴行儉軍營前投誠，請求寬恕。就這樣，突厥的叛亂一下子就被平定了。

單獨一個人可以發揮的力量有限，但是幾個人團結起來齊心協力，就會變成不可輕視的強敵，國家之間的結盟，企業之間的合作也是一樣。

不過，如果只是基於利害關係而相互結合，這種結合很容易被破壞。因爲，基於利害關係的結合，只要競爭對手出示更有利的條件，肯定會有人立刻叛友投敵，因此合作的雙方容易互相猜忌，擔心自己會被對方欺騙、背叛。

所以，在商場上，雙方存在著共的利益時，可以考慮合作，但是，不管有多大的利益，如果對方不值得信賴，那麼還是不要合作爲宜。

見利忘義的人並不少見，這種人只注意利益，根本不考慮信用，還是保持安全距離，才不會遭到誆騙、出賣。

釜底抽薪，才能徹底消滅敵人

人際關係既有友善的一面，還有險惡的一面。想要排除險惡，不妨運用「釜底抽薪」的計策，戰勝給你帶來險惡的人。

《孫子兵法．九地篇》強調：「是故政舉之日，夷關折符，無通其使，厲於廊廟之上，以誅其事。」

意思是說，和敵手開始爭戰之時，要立即封閉關口，不許敵國使節往來，而且要在廟堂上反覆商討，確定戰爭決策。

這麼做是爲了提防敵人要弄陰狠的奸計，對己方進行分化離間。

魯國重用孔子後，引起齊景公忌恨。

齊景公曾在峽谷受過孔子奚落而結仇，擔心孔子會唆使魯國出兵威脅齊國，因而處心積慮想拔掉孔子。他找來大夫黎彌說：「魯國重用孔丘，對我國造成莫大威脅，該怎麼辦呢？」

黎彌想了很久才說：「採用釜底抽薪之計，逼走孔丘便是。」

「孔老頭當下是魯國紅人，怎麼逼走他？」景公急切地問。

彌將計策說出來：「豈不聞『飽暖思淫逸，貧窮起盜心』？目前魯國雖然太平，但魯定公是個好色之徒，如果選一群美女送給他，他必定會老實不客氣地照單接收。收了之後，自然日日夜夜在脂粉叢中打滾，什麼孔子老子，怎及銀子女子？他們之間的關係還會像過去那麼親密嗎？這樣一來，肯定會把孔丘氣走，屆時，我們不就高枕無憂了嗎？」

齊景公連說妙計，立即令黎彌去民間挑選八十名美女，找人教她們唱歌、跳舞、媚笑、目盼，把她們訓練得盡妖盡嬈、人見人愛。不久，八十個美女皆練就一身迷人勾魂的本領，黎彌又把一百二十匹好馬特加修飾，裝上金勒雕鞍，連同八十名美女一齊送到魯國去，說是齊國特地送給魯定公享受的。

魯國宰相季斯一聽到這個消息，心裡癢不可支，即刻換了便服，坐車到南門去觀看。季斯見齊國美女正在表演歌舞，嬌聲遏雲，舞態生風，一招一式美不勝收，不禁口呆目瞪、神癡意迷。不久，魯定公把季斯召上殿，問他這事該如何是好，季斯不假思索地說：「照單收下就是。」

魯定公性好女色，此語正中下懷，即刻由季斯陪同，驅車奔向南門。

齊使知道魯定公來了，便教那幫美女下足媚勁，竭力表演，於是齊國美女擺臂搖胸，巧笑媚視，歌聲乍起，裙帶亂飄，把魯定公君臣二人樂得神蕩涎滴，情不自禁地加入眾美女行列，笨拙而忘形地手舞足蹈起來。

舞畢，季斯說：「國君請再過去看看那些良馬吧！」

「不用看了，這班美人已經夠瞧了，不必再看良馬！」

當晚回宮，魯定公便叫季斯加倍奉謝齊王，並且重賞齊使，還賞了三十名美女給季斯。此事傳到孔子耳裡，孔子不禁心急如焚，喟然長歎。

孔子請魯定公參加郊祭，希望提醒魯定公不要忘記國家大事，不要沈湎於女色醇酒。沒想到，魯定公沈迷女色，一心掛記著後宮美女，草草祭祀之後，便急忙回宮享樂去了。孔子見魯定公不可救藥，心想魯國已經沒有自己施展抱負的餘地，便辭官周遊列國去了。

人際關係既有友善的一面，還有險惡的一面。想要排除險惡，就必須戰勝給你帶來險惡的人。當你與對方彼此對壘，劍拔弩張的時候，不妨運用「釜底抽薪」的計策，不要急著作正面的主力攻擊，而要從幕後去下功夫，扯其後腿，拆其後台，使他在不知不覺間變成一個洩氣的皮球，你就必勝無疑。

當你被流言蜚語包圍時，縱使極力辯解，也可能是在白費唇舌。你不妨先忍下胸中怒氣，暗中調查究竟是誰與你過不去，又為什麼要造你的謠。

當你瞭解了事實眞相後，就可以找個適當的機會並用巧妙的手法，令造謠者自己說出事情的緣由。釜底抽薪之後，釜中沸沸揚揚的滾水自然會趨於平靜，關於你的謠言自然也就消失了。

「調虎離山」是為了克服困難

子貢為了達到「存魯」的目的，使出調虎離山之計，在各國之間挑撥離間，製造混亂，不可謂不絕。

《孫子兵法．始計篇》說：「夫未戰而廟算勝者，得算多也；未戰而廟算不勝者，得算少也。多算勝，少算不勝，而況於無算乎！」

不管做任何事，事先都要有周密的計劃和盤算，充分估量利弊得失之後，才有可能取得寶貴的勝利，以下便是子貢的連環算計。

春秋末期，齊國宰相田常想發動政變自立爲王，但又怕齊國的高、國、鮑、晏四大家族實力太強，政變難以成功，於是心生一計，打算調這四家的兵力去攻打魯國，藉此削弱他們的實力。魯國是孔子的家鄉，孔子聽到這個消息，深怕魯國遭難，連忙派子貢趕到齊國遊說田常。

子貢對田常說：「伐魯不如攻吳，如果把魯國滅了，高、國、鮑、晏四家的實力不就更強了嗎？而攻吳一旦不勝，就大大削弱了四家的兵力，你就可以為所欲為了；縱使攻吳獲得勝利，這四個家族也會耗去很多兵力，到時候，你也是勝利者。」田常擔心改變計劃，轉而伐吳會受到大臣們的懷疑，子貢於是說：「我先去勸吳王救魯伐齊，到時候你再名正言順派齊軍迎擊就是了。」

子貢到了吳國，對吳王夫差說了一大套「伐齊人利」的理由，夫差聽了很高興，表示願意出兵攻打齊國，可是擔心越國從背後暗算。

子貢就說：「那我去勸越王，讓他興兵與你一道伐齊。」

子貢見到越王勾踐，把助吳伐齊的好處講了一大堆，勾踐聽從了他的意見，當下允諾一同出兵。接著，子貢又到了晉國，說吳國和齊國爭霸，勝者必然會乘勝伐晉，要作好戰爭的準備。

隨後，吳王夫差果然興師伐齊，大破齊軍，接著又移兵威逼晉國，在黃池大會諸侯。越王勾踐則趁吳軍主力北上，發兵襲吳。夫差回軍與越王三戰而不勝，最後被勾踐逼得自殺。

對於這些連環變化，司馬遷後來在《史記》中記敘說：「子貢一出，存魯、亂齊、破吳、強晉、霸越。」

子貢爲了達到「存魯」的目的，使出調虎離山之計，在各國之間挑撥離間，製造混亂，不可謂不絕。

在現實生活中，我們可以發現一些擅長處理人際關係的領導人，經常巧妙地用調虎離山之計。譬如，有的下屬常常自恃有功而表現得不可一世，有的下屬則喜歡在同事間挑撥是非，弄得辦公室內關係緊張，這時，領導人就會軟硬兼施，派他們駐外，或調他們外出跑業務，使辦公室恢復和睦融洽的氣氛。

換一種說話方式去罵人

見到令人激昂憤懣的事情，可以借著一件事物或虛構情節，「指桑罵槐」一番，既宣洩滿腔憤懣，又教訓了所要批評或責罵的人。

《孫子兵法．行軍篇》說：「兵非貴益多，惟無武進，足以並力料敵取人而已。夫惟無慮而易敵者，必擒於人。」

作戰之時，不是兵力愈多愈好，而要既能集中兵力，又能判明敵情，才足以獲得勝利。欠缺深謀遠慮，輕舉妄動的結果，只會爲自己招來不測。

平時說話也是如此，話的妙用不在多，而在於適當時機掌握重點畫龍點睛。千萬不可以自以爲是正義的化身，動輒開口訓人，有些人是你訓不得的。

漢武帝即位之後，開始討厭餵養自己長大的乳娘，嫌她好管閒事，事無大小都囉哩囉嗦，後來便決定將她趕出宮外。

乳娘在皇宮住了幾十年，當然不願離開宮廷生活，無可奈何的情況下，便向漢武帝身邊的紅人東方朔求助，希望他能幫忙說些好話緩頰。

她把事情告訴東方朔後，東方朔安慰她說：「這沒什麼困難，只要妳向皇上辭行的時候，回頭看皇上兩次，我就有辦法了。」

東方朔以機智幽默著稱，是清朝大文人紀曉嵐最推崇的人物，他深知漢武帝是乳母一手撫養大的，乳母對他的恩情勝似生母。但乳母也有不是的地方，喜歡多嘴饒舌，尤其是漢武帝即位後，已經貴爲一國之君，她卻不知收斂，常常毫不客氣地指出他的缺失，使得他下不了台階。

但不管怎樣，乳母終究是乳母，雖有小過錯，還不至於非把她趕出去不可，因而東方朔決意幫助乳母。

到了送乳娘出宮的日子，乳娘叩別漢武帝之後，滿眼淚水，頻頻回頭向武帝看幾次。這時，東方朔乘機大聲說：「乳娘，妳點快走吧！皇上早已經用不著妳餵奶了，妳還擔心什麼呢？」

漢武帝一聽此話，心弦一震，感到十分難過，想起自己是乳母餵養長大的，她又沒犯什麼大過錯，就立刻收回成命，讓她繼續留在宮中。

孫子兵法厚黑筆記

東方朔不愧是處理人際關係的高手，如果他直接向漢武帝進諫，搞不好會使漢武帝惱羞成怒，反而把事情弄得更糟。他採用「指桑罵槐」的策略，輕鬆地達成目的，可謂妙不可言。

其實，在現代的日常生活中，我們也屢屢見到令人激昂憤懣的事情，然而，在某些場合，或因爲事情涉及某些身貴名顯的人，不便公開地直接罵人，這時，便可以藉著一件事物或虛構情節，「指桑罵槐」一番，就能夠既宣洩滿腔憤懣，又教訓了所要批評或責罵的人。

先了解自己的要害所在

在這個小人到處充斥的社會，其實小人並不可怕，可怕的是你不懂得善用小人對你有幫助的一面，將他變成自己生命中的貴人。

《孫子兵法．九變篇》說：「是故智者之慮，必雜於利害，雜於利而務可信也，雜於害而患可解也。」

聰明的人在考慮問題、制定謀略的時候，一定要兼顧利與害這兩個方面。既要充分考慮到有利的方面，同時也要考慮到不利的一面，保持清醒的頭腦。

爲人處世的眞諦在於先明瞭自己的要害所在，適時借重小人的優點、長處彌補自己的不足，然後在合理的範圍之內儘量容忍他們的缺失。

明朝開國元勳劉伯溫所著的《郁離子》裡面，有這樣一個貓與老鼠的故事。

趙國有戶人家鼠災成患，於是就去中山國向人討了一隻貓。中山國的人給他的這隻貓很會抓老鼠，但也喜歡偷雞吃。過了一段時間，趙國人家中的老鼠被這隻貓捉光了，但是雞隻也全部被牠咬死了。

他的兒子就問他說：「爲什麼不把這隻貓趕走呢？」

這個趙國人回答說：「這你就不懂了，我們家最大的禍患在於老鼠成災，而不在於沒有雞。老鼠專門偷吃我們家的糧食，咬壞我們的衣服，鑽通我們的牆壁，毀壞我們家裡的器具，我們就得挨餓受凍，難以生存下去。也就是說，沒有了雞，我們頂多不吃雞蛋、雞肉，但是趕走了貓，我們連生存都成了問題，既是如此，爲什麼要將貓趕走呢？」這個趙國人是個明智、有頭腦的人，深知貓所帶來的好處遠遠超過牠所造成的損失，所以他並不主張將貓趕走。

日常生活中或工作場合裡，確實有不少像中山貓那樣的小人。

如果，我們只盯住他們某方面的毛病或弱點，而以偏概全，或者將他們掃地出門，那麼環顧左右，你將找不到可用的人才，而成爲一個沒有兵士隨行的光桿司令，無法成就一番大事。

《郁離子》的這篇故事教導我們，要做大事，就需要綜觀全局，衡量利弊得失，但是要了解自己的要害所在，千萬不可糾纏在小事之中，把自己搞得心亂如麻，因爲心一旦混亂，就絕難在工作上或競爭中獲勝。

因此，想要聰明的領導者就要懂得適時大膽起用「中山貓」，只要設法將自己的「雞」關好就行了，爲人處世的道理也是如此。

美國作家霍伊曾說：「一個有利用價值的小人，抵得過兩個以上的普通朋友。」

的確，在這個小人到處充斥的社會，其實小人並不可怕，可怕的是你不懂得善用小人對你有幫助的一面，將他變成自己生命中的貴人。

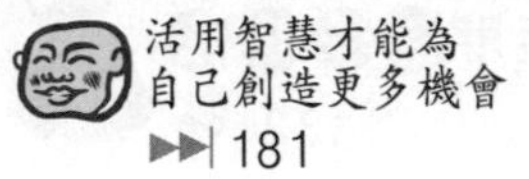

不要讓你的正義不切實際

有不少人不把身邊的小人放在眼裡，執意要與他們作對。這種做法其實是不智之舉，他們會對你展開反擊，反擊往往令人防不勝防。

《孫子兵法．九變篇》說：「故用兵之法，無恃其不來，恃吾有以待之；無恃其不攻，恃吾有所不可攻也。」

兩軍對壘之時，千萬不要心存僥倖，指望敵軍不會來犯，而要依靠自己，做好充分準備嚴陣以待。處理人與人之間的複雜關係也是如此，不管任何時候、任何情況都要做好充分準備，才不致讓陰險的小人有隙可乘。

郭子儀是唐朝中興名臣，也是平定安史之亂的卓越將領。有一次，當朝權臣盧杞前來拜訪正病臥在床的郭子儀。

盧杞是中國歷史上有名的奸詐小人，相貌奇醜無比，臉型寬短，鼻子扁平，兩個鼻孔朝天，眼睛小如綠豆，當時的人甚至戲稱他爲「現世活鬼」，一般婦女看到他都忍俊不住發笑。

郭子儀一聽到門人來報之後，急忙命令隨侍左右的妻妾趕快退回後房迴避。

等到盧杞走後，姬妾女侍們又回到郭子儀病榻前，不解地問他說：「朝廷許多官員都來探望過你，可是你從來沒有叫我們迴避。爲什麼盧中丞來了，你卻急著要讓我們都躲起來呢？」

郭子儀微笑著答道：「妳們有所不知，這位盧中丞不但相貌奇醜，而且內心十分險詐。妳們看到他一定會忍不住失聲發笑。那麼，他一定會記恨在心，萬一此人以後掌權，我們可就要遭殃了。」

郭子儀確有知人識人的先見之明，他能識出盧杞的陰險惡毒，雖然自己位居將相，也不敢得罪這個小人。

有不少人嫉惡如仇，不把身邊的小人放在眼裡，或者執意要與他們作對。這種做法其實是不智之舉，很可能把事情搞得更糟。

這麼做，固然可以表現你的正義剛直，但在人性的叢林裡，這並不是明哲保身之道，反而突出了你的正義是不切實際的。

你的正義凜然會更加暴露這些小人的無恥、不義，為了自保和掩飾，他們會對你展開反擊，而且這些反擊往往令人防不勝防。

也許，你並不怕他們伺機報復，也許他們根本奈何不了你，但是你必須知道，小人之所以為小人，是因為他們始終躲在暗處，使用的始終是卑鄙下流的手段，而且不達目的不會輕易罷手。

看看歷史的斑斑血跡吧，有幾個忠良抵擋得過奸臣的陷害呢？

在人生戰場做自己命運的統帥

柯林斯在《大戰略》一書中強調：「幾乎每一個成功的戰略家，都有像棋手那樣把問題想得透徹的習慣。」

《孫子兵法．始計篇》強調制定決策之時必須考量客觀情勢：「計利以聽，乃為之勢，以佐其外；勢者，因利而制權也。」因爲，唯有利害得失估量準確，領導者才會採納最有利的建議，達成對自己最有利的決戰態勢。

東漢末年天下大亂，群雄競相爭霸，曹操在消滅黃巾賊後占據兗州地區，繼而又揮師東進，準備奪取徐州。

但是，兗州豪強張邈趁機勾結呂布，襲破兗州大部分地方，並占領兵塞要地濮陽。於是，曹操急忙從徐州撤兵回來，向屯駐濮陽的呂布發動反攻。

呂布十分慓悍，雙方相持日久，曹操一時無法取勝。

不久，徐州守將陶謙病死，把徐州讓給了劉備，曹操爭奪徐州的心情更爲迫切，想要先取下徐州再消滅呂布。

這時，曹操的謀士荀彧，勸諫曹操切勿急於進兵徐州，以免呂布乘虛而入。

他分析說：「眼下正值麥收季節，據報徐州方面已動員人力加緊搶割城外麥子，然後運進城去，這表明他們對可能發生的戰爭有所準備。收盡麥子，對方必然還要加固防禦工事，撤退四野居民，轉移糧草、物資。這樣一來，我們的軍隊開到那裡，勢必無法立足。對方用『堅壁清野』的辦法對付我們，到那時，攻不能克，掠無所得，不出十天，全軍就要不戰自潰……」

曹操聽了荀彧的分析十分佩服，決定不再分兵東進，轉而專心與呂布對壘，果然大敗呂布，平定兗州。

柯林斯在《大戰略》一書中強調：「幾乎每一個成功的戰略家，都有像棋手那樣把問題想得透徹的習慣。」

兩軍對峙，處於守勢的一方，當然不可呆呆等著別人來攻擊，但與其胡亂進攻，不如作好萬全的準備，以逸待勞。

加強自己的防禦能力自然是首要工作，接下來不但要先準備好退路，也應該預設最壞打算，萬一抵擋不住敵人凌厲的攻勢，不得不棄城退之時，也要讓敵人無法運用遺留下來的資源再來追擊，如此才有機會拖延敵軍戰力，制敵機先。

在人生戰場也是如此，必須預見情勢的可能發展，事先做好萬全的準備，才能成為自己命運的統帥。

驕傲是人生最大的暗礁

法國文豪巴爾札克曾經寫道：「志得意滿、自高自大和輕信他人，是人生的三大暗礁。」

《孫子兵法．始計篇》說：「利而誘之，亂而取之，實而備之，強而避之。」詭詐是用兵打仗的基本原則。如果敵人貪利，那就用利去引誘他；如果敵營混亂，那就要乘機攻破他；如果敵人力量充實，那就要加倍防範他；如果敵人兵力強大，那就設法避開他。

春秋時期，吳國大夫伍子胥，曾經幫助闔閭刺殺吳王僚，奪取王位。吳王闔閭在伍子胥的幫助下，國勢逐漸強大，後來，伍子胥又因攻破楚國而受封於申地。

公元前四八四年，繼位的吳王夫差打敗越國之後，爲了爭霸中原，野心勃勃地準備出兵攻打齊國。

越王勾踐採用文種的計謀，假意帶領部屬前來助威，並且送了諸多厚禮給吳王夫差和太宰伯嚭等大臣。爲此，吳國君臣都十分高興，只有伍子胥憂心忡忡。

他勸告夫差說：「越國是我們的心腹之患。勾踐表面上裝得很謙卑順服，但骨子裡仍是爲了實現他侵吞吳國的野心。我們不如早一點對他下手，以絕後患。今天我們如果輕信了勾踐的花言巧語，不遠千里去攻打齊國，好比得到了一塊不能生長莊稼的石田，一點用處也沒有。因此，希望大王放棄伐齊的打算而先攻打越國，不然的話，等越國強大反撲過來，就後悔也來不及了。」

吳王夫差沒有聽從勸告，反而受到離間開始疏遠伍子胥，後來居然聽信太宰伯嚭的讒言，賜劍令伍子胥自殺。伍子胥臨死前，忿忿不平地對手下說：「我死後，在我的墳上種上樹，等到樹長大成材時，吳國差不多也就要滅亡了。我死了之後，你把我的眼睛挖出來掛在吳國東門之上，以便讓我親眼看著越國滅亡吳國。」

十一年之後，吳國果然被越國滅亡，吳王夫差自殺身亡。

法國文豪巴爾札克曾經在著作裡寫道：「志得意滿、自高自大和輕信他人，是人生的三大暗礁。」

驕傲自滿是一座吞人噬人的陷阱，遺憾的是，這個陷阱往往是我們親手挖掘的，等到察覺之時已經後悔莫及。

勾踐與夫差在吳越之戰後臥薪嘗膽，力圖復國雪恥，而夫差卻益發自大自滿，企圖稱霸中原、一統天下。面對夫差的強勢，勾踐以退爲進，假意求好，鼓動簧舌要夫差不遠千里去攻打齊國，一方面消弱敵人的防備之心，一方面削減敵人的戰力，待自己養精蓄銳，實力充足之際，再一舉進行復仇復國的行動。

本來，勾踐的計謀早已被吳國第一謀士伍子胥看穿，但夫差並不信任伍子胥，反而因此給了敵人可趁之機，無怪乎心高氣傲的伍子胥，在被逼自盡時憤而留下惡言詛咒吳國滅亡。夫差亡國自盡時，若想起伍子胥之諫言，想必是後悔莫及了。

PART. 07

深謀遠慮 才不會坐以待斃

美國前總統甘迺迪在某次演說時強調：「變化是生命的規律。只面向過去或現在的人，必然會失去將來。」

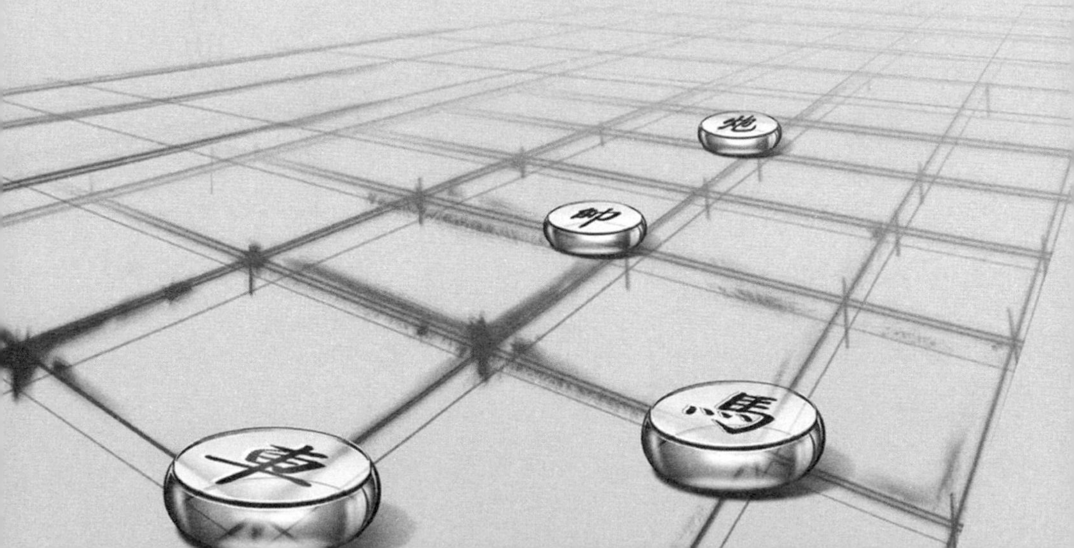

禮物越豐富，越容易獲得別人幫助

「誠意」是相當抽象的，往往讓人摸不著邊際，因此，最好以實際的禮物來呈現。至於禮物的大小多寡，當然得視事情的困難度定。

《孫子兵法．九變篇》中論及利害時強調：「是故屈諸侯者以害，役諸侯者以業，趨諸侯者以利。」

意思是說，要迫使別人屈服，就要用他們最害怕、最忌諱的手段去擾亂和威脅；相反的，要使別人為自己做事，就要用利益加以引誘。

淳于髡是戰國時齊王的一個入贅女婿。他身材不高，但能言善辯，非常風趣，曾經多次代表齊國出使各諸侯國，從來沒有受到冷落或屈辱。

當時，齊國由齊威王執政。齊威王愛聽小人的甜言蜜語，又喜好徹夜宴飲，逸樂無度，陶醉於飲酒之中，把政事委託給卿大夫。文武官員跟著荒淫放縱，各國見狀便乘機來侵犯，使得齊國存亡就在旦夕之間。

公元前三七一年，楚國派大軍侵犯齊國。齊威王於是派遣淳于髡出使趙國求救，並讓他攜帶黃金百斤，馬車十輛和駕車的馬四十匹，作為送給趙王的禮物。

豈料，淳於髡見到這些禮物，仰天大笑，竟將繫帽的帶子都笑斷了。

齊威王見到他這副模樣，連忙又追問他爲什麼這樣笑，淳於髡這才說道：「今天我從東邊來時，見路旁有個祈求神明的人，拿著一隻豬蹄、一濁杯酒，對天告禱說：『請讓高地上收穫的穀物盛滿篝籠，低田裡收穫的莊稼裝滿車輛，五穀豐登，米糧堆積滿倉。』我見他拿的祭品很少，祈求的東西太多，所以不禁笑了出來。」

齊威王聽出隱喻，只好調出了大量的金銀財寶及多項寶物，命淳於髡前往趙國求援。後來，淳於髡果然不辱使命，帶回救援的數萬趙國精兵前來，楚軍聽聞消息便打消了進攻之意。

淳于髡受命前往趙國借兵，但看到齊威王準備的禮品實在誠意不足，就算自己能力再高也難以打動趙王，不禁仰頭大笑齊威王的天眞。所幸，齊威王並非眞正的昏庸之君，聽懂了淳於髡的暗示，連忙搬出更多金銀財寶。

後來，淳于髡之所能從趙國借回了數萬精兵，讓楚國打消進犯之意，化解了亡國危機，除了他本身的三寸不爛之舌之外，當然得歸功於他攜帶的這些珍貴禮物。

想要求人幫助，除了必須懂得如何開口之外，還得擺出自己的「誠意」。「誠意」是相當抽象的，往往讓人摸不著邊際，因此，最好以實際的禮物來呈現。

至於禮物的大小多寡，當然得視事情的困難程度而定，越棘手的事，禮物當然必須越豐富。千萬別像故事中的齊威王，想要別人爲自己解決燃眉之急，卻還吝於一些可有可無的身外之物。

冷靜沉著才能享受戰果

享譽國際的軍事家蒙哥馬利元帥在回憶錄中寫道：「軍事領導的唯一方針是行動上要迅速果決，面臨危險時要鎮靜沈著。」

《孫子兵法．九地篇》說：「先奪其所愛，則聽矣；兵之情主速，乘人之不及，由不虞之道，攻其所不戒也。」

這段話的意思是說，先奪取敵人要害之處，那樣敵人必然會隨著我方的步調起舞。兵貴神速，要乘敵軍措手不及之時發起進攻，走敵軍意料不到的道路，攻擊敵軍不加防備的地方。

唐朝初期的軍事家李靖，爲李淵建立大唐王朝立過許多戰功。

李淵當上皇帝後不久，李靖上書，請求允許他領兵去平定在長江中游地區稱帝的蕭銑。李淵採納了他的計策，任命他爲引軍總管，充當李淵堂侄李孝慕的副手，率軍前去討伐蕭銑。

公元六二一年八月，唐朝軍隊伍開抵夔州。蕭銑自恃正值秋汛期間，江水上漲，唐軍不敢進入冒險渡江，因此不做任何防備。

唐軍將領中，對是否要在此時橫渡長江看法不一。許多將領認爲，在江水上漲時渡江太過危險，希望等水位下降後再行進兵，但是李靖認爲，兵貴神速，現在時機難得，不可錯過。

李孝慕採納他的意見，決定冒險進兵。蕭銑得知唐軍竟然冒險渡江後，趕緊派部將文士弘抵禦唐軍。李孝慕打算趁勢出擊，但李靖考慮到文士弘是蕭銑的一員猛將，一時很難打垮他，建議等敵軍士氣衰落時再出擊，但是，李孝慕不聽建議，親自率軍出戰，結果大敗而歸。

李靖見敵兵在追擊的過程中搶掠了許多東西，每人身上背得重重的，拖慢了行進速度，覺得這又是個好機會，就乘機出擊。結果，李靖大敗敵軍，又挽回了頹勢。

最後，李靖率軍把蕭銑包圍在江陵城裡，蕭銑只好投降。

享譽國際的軍事家蒙哥馬利元帥在回憶錄中寫道：「軍事領導的唯一方針是行動上要迅速果決，面臨危險時要鎮靜沉著。」

帶兵戰略，不論是快攻奇襲，或是長久抗戰，都不能一味胡亂套用，而是要確切地體認時機是否適當，才能得到效果。

李靖便是一位善用良機的軍事謀略家，他廣泛地觀察地形地勢、天時人和，靈活地運用各種戰略，也因此立下了諸多戰功。

在競爭激烈的人生戰場上，如果不能全盤考量，貿然地讓士兵衝入戰場，不過徒增傷亡而已，更可能爲自己留下敗亡的導火線。

別人為什麼無緣無故送禮？

湯瑪斯．亞當斯寫道：「野心勃勃的人爬的是既高又危險的梯子，從不考慮怎樣下來；往上爬的慾望吞沒了他對摔下來的擔心。」

《孫子兵法．謀攻篇》說：「故小敵之堅，大敵之擒也。」

身爲領導者要審時度勢，千萬不可以膨脹自己，要是自己力量薄弱，卻魯莽地和強大的敵人拚殺，不自量力的結果，便是遭到強敵坑殺。

公元前二六二年，韓國上黨的守將馮亭派遣使者到趙國，對趙孝成王說：「我們韓國已經守不住上黨，看來它就要落入秦國手中了。但是，那裡的官吏和百姓都願意歸屬趙國，而不願意歸屬秦國。上黨共有十七座城池，希望交由大王來管轄。」

趙孝成王聽了非常高興，馬上召見平陽君趙豹，詢問他的意見。趙豹回答說：「聖人把無緣無故而得利，看做是莫大的禍害。」

趙孝成王不悅地反問道：「上黨的那些臣民都被我的恩德感召的，怎麼能說是無緣無故而得利呢？」

趙豹分析說：「秦國一直在蠶食韓國的土地，早已認爲會很輕易地得到上黨這塊地方。韓國之所以不想把上黨交給秦國，而要交給趙國，無疑是嫁禍之計，打算把禍害轉嫁到我們趙國身上。秦國付出了辛苦代價，卻沒有得到上黨，而我們卻平白無故得到了，這怎能說不是無緣無故就得到了利呢？」

趙豹接著說：「秦國一定不肯善罷干休，大王千萬不可以接受啊！」

趙孝成王捨不得放棄這塊到口的肥肉，不高興地說：「就算派百萬大軍去進攻，一年半載也不一定能得到一座城池，現在人家把十七座城池當做禮物送給我國，這可是天大的利益呀！」

後來，趙孝成王不顧反對，接受了土地，果然引爆了秦趙大戰。

湯瑪斯．亞當斯在《心靈的種種疾病》裡寫道：「野心勃勃的人爬的是既高又危險的梯子，從不考慮怎樣下來；往上爬的慾望吞沒了他對摔下來的擔心。」

禮多必詐，韓國無緣無故獻上城池，無非是迫於局勢，想將燙手山芋丟到趙王手中，好讓秦國將矛頭轉向趙國，以求確保韓國的安全。

這是嫁禍於人的險招，雖然損失了少部分城池，但是可以保住大壁江山，對韓國來說是一樁划算的交易。

儘管平陽君早看出這是韓國的計謀，可惜趙孝成王不聽勸諫，還高興地收下城池，最終惹來大戰一場，使得長不一戰，四十萬趙國兵卒遭到坑殺，損失慘重，最終走向亡國之路。

提防虛情假意的敵人

寓言作家伊索寫道：「可疑的朋友比明確的敵人更要不得。讓一個人當你的朋友，或者當你的敵人，這樣你才知道該如何對待他。」

《孫子兵法．謀攻篇》說：「用兵之法，十則圍之，五則攻之，倍則分之，敵則能戰之，少則能逃之，不若則能避之。」

必須訴諸武力之時，必須衡量敵人的實力，能打就打，不能打就要避開正面交戰，設法使用計謀讓對方鬆懈，再伺機行事。

公元二三年，漢室皇族劉玄稱帝，與此同時，有個名叫王郎的占卜者，自稱是漢成帝的兒子，也自立爲帝，建都邯鄲。於是，劉玄派劉秀率軍與謝躬的軍隊一起作戰，結果打垮王郎，攻佔了邯鄲。

謝躬一向與劉秀不和，曾經幾次打算發兵攻打劉秀，只是怕不敵劉秀，才沒有動手。他與劉秀的軍隊共同駐紮邯鄲，難免要發生摩擦。

劉秀工於心計，決定慢慢收拾謝躬。謝躬的部將搶掠民物，謝躬知道後從不向劉秀通報，劉秀心裡雖然不滿，但不露聲色，而且經常當面誇獎謝躬勤於職守。時間久了，謝躬漸漸不再對劉秀有所顧忌。

謝躬的妻子知道這種情況後，時刻告誡丈夫說：「你與劉秀長期以來互不親善，千萬別輕信他的虛情假意，如果不加以防備，終有一天要受他所害。」

然而，謝躬卻把妻子的話當做耳邊風，率領部屬回到鄴地駐紮不久，劉秀率兵南下，攻打一支農民起義軍，藉故請謝躬出兵配合，襲擊另外一支農民起義軍。

謝躬答應了他的要求，讓大將劉慶、太守陳康留守鄴城，自己親自帶兵去執行襲擊任務，不料，那支起義軍戰鬥力很強，謝躬的軍隊大敗。

其實，請謝躬配合作戰是劉秀的計謀。謝躬一離開鄴城，劉秀一面派偏將吳漢率領軍隊進擊鄴城，一面派能言善道的辯士遊說太守陳康，要他歸附。

陳康見大勢已去，便逮捕了大將劉慶和謝躬的妻子，向吳漢投降。打敗仗的謝躬完全沒有想到陳康會反叛自己，帶了少數敗兵退到鄴城，見城門開著，便騎馬進去。不料，劉秀的軍隊早已埋伏在城門左右，隨著一陣鼓聲，伏兵衝出來將謝躬拖下馬，用繩索緊緊捆住，隨即吳漢從腰間拔出劍來，手起劍落，將謝躬劈作兩段。

謝躬未聽妻子勸戒，輕忽敵人計謀手段，最終落得身首異處的下場。

寓言作家伊索「獵狗與野兔」的故事中寫道：「可疑的朋友比明確的敵人更要不得。讓一個人當你的朋友，或者當你的敵人，這樣你才知道該如何對待他。」

利害攸關的時候，不免兵不厭詐，敵人若善於打持久戰術，必定處心積慮慢慢計劃，以時間換取空間，一步一步地破除你的防心，收集你的弱點，一旦你露出破綻，便一舉攻之，這時，你勢必無法招架。

謝躬便是對劉秀失去了這一層防心，以致於落得慘敗身亡的下場。

深謀遠慮才不會坐以待斃

美國前總統甘迺迪在某次演說時強調：「變化是生命的規律。只面向過去或現在的人，必然會失去將來。」

《孫子兵法．九地篇》說：「將軍之事，靜以幽，正以治。能愚士卒之耳目，使之無知。易其事，革其謀，使人無識。」

一個英明的領導者，必須冷靜而心思細膩，如此才能培養深謀遠慮的智慧，像狡兔一樣預做應變措施。時時改變戰法，時時更換計謀，使別人無法識破自己的眞正意圖，遇到危機更要懂得借力使力，爲自己謀得更有力的契機。

齊國相國孟嘗君的門下，有個名叫馮諼的食客。有一次，他奉命到孟嘗君的封邑薛地收債，臨行時，問孟嘗君收完債該買些什麼回來。

孟嘗君隨口說：「你看我家裡缺什麼，就買什麼。」

馮諼到薛地後，假借孟嘗君的名義，將債契全都燒了，此舉讓借債的百姓對孟嘗君感激涕零，齊呼萬歲。

馮諼回來後，孟嘗君問他債收齊了沒有，買些什麼回來。

馮諼說，他見相國家什麼都不缺，就缺一個「義」字，因此便以他的名義將債契全燒了，把「義」買了回來。

孟嘗君聽了氣得七竅生煙，但也無可奈何。

一年後，孟嘗君被齊王免除相國的職務，只好回到薛地去。豈知，當孟嘗君離薛地還有一百多里路，百姓們就扶老攜幼前來迎接。孟嘗君這才看到了馮諼給他買的珍貴的「義」，非常感謝馮諼。

此時，馮諼對他說：「狡猾的兔子都會挖好三個洞穴，好及時躲避，免於被獵人打死，被猛獸咬死。如今您只有一個洞穴，還不能高枕無憂。」

在孟嘗君的要求下，馮諼表示願意再爲他鑿兩個洞穴。孟嘗君相信馮諼的話，便讓他到魏國去「活動」。

馮諼在魏王面前猛說孟嘗君的好話，魏王聽完之後，馬上派使臣攜帶許多財物，駕著馬車去齊國，希望能聘請孟嘗君前來魏國當相國。

這時，馮諼又趕在魏國使臣之前回到薛地，告誡孟嘗君不要接受聘請。

魏國使者如此往返三次，孟嘗君還是拒絕接受聘請；齊王得知這件事後，趕緊恢復了孟嘗君相國的職位，並向他謝罪。

這便是馮諼爲他鑿的第二個窟。

之後，馮諼又建議孟嘗君向齊王請求賜給自己先王的祭器，在薛地建造宗廟供奉。這樣一來，齊王就會派兵來保護，使薛地不受他國侵襲。

等宗廟建成，馮諼才笑著對孟嘗君說：「三窟都已經鑿成，現在，您可以高枕無憂了！」

美國前總統甘迺迪在某次演說時強調：「變化是生命的規律。只面向過去或現在的人，必然會失去將來。」

人無遠慮必有近憂。兔子爲求自保，會事先爲自己準備好三個洞穴，以便緊急危難之時隨時逃命。

人也應當未雨綢繆，隨機應變，才不至於落得坐以待斃的悲慘下場。

馮諼智謀過人，身在孟嘗君門下，早料想到在詭譎多變的政治環境可能發生的災禍，因而事先爲孟嘗君安排避禍保安之道。

這當然也得歸功於孟嘗君知人善任，沒有輕視馮諼出身低微，對待他一視同仁，更信任他的建議與做法，才能眞正高枕無憂。

寄望外來的和尚，後果通常不堪設想

寄望外來的和尚替自己誦經，是一般人最容易犯的錯誤行徑。外人因與自身利益無關，勢必不會出盡全力，且多作保留。

《孫子兵法．作戰篇》說：「其用戰也勝，久則鈍兵挫銳，攻城則力屈，久暴師則國用不足。」

不管任何形式的戰爭，進攻策略的立足點應是速戰速決，絕不能採取曠日持久的「消耗戰」，更不能指望會有外援到來。

因爲，「消耗戰」需要巨大物力財力支撐，時間拖長只會使自己疲憊不堪、銳氣挫傷，戰鬥力消耗殆盡。

至於寄望「外來的和尚」會伸出援手替自己解圍，或是想聘請傭兵替自己打仗，更是不切實際的想法。

戰國時期，有個名叫榮蚡的將領，被燕國國君封爲高陽君，並派任他爲統帥，帶領軍隊攻打趙國。榮蚡很會打仗，趙孝成王得到消息後非常害怕，立即召集大臣商議對策。

這時，宰相趙勝想出一個辦法，說道：「齊國的名將田單善勇多謀，不如我國割讓三座城池送給齊國，以此作爲條件，請田單前來幫助我們，帶領趙軍作戰，一定可以取得勝利。」

但大將趙奢卻不同意這麼做，他說：「難道我們趙國就沒有大將可以領兵了嗎？仗還沒有打，就先要割三座城池給齊國，那怎麼行啊！我對燕軍的情況很熟悉，爲什麼不派我領兵抵抗呢？」

趙奢還進一步分析說道：「第一，即使田單肯來指揮趙軍，我國也不一定就能取勝，也有可能敵不過榮蚡，那就是白請他來了；第二，就算田單確實有本領，但他也未必肯爲我國盡心盡力，因爲我國軍隊強大起來，對他們齊國稱霸不是很不利嗎？因此，他不可能會為我國的利益而認真地對付燕軍。」

接著，趙奢又說：「田單要是來了，他一定會想盡辦法把我們趙國的軍隊拖陷在戰場上，如此耽誤下去，不但荒廢時間，而且這樣長久地拖下去，幾年之後，便會把我國的人力、財力、物力全部消耗掉，後果實在不堪設想！」

但是，趙孝成王和宰相趙勝還是沒有聽信趙奢的意見，仍然決定割讓三座城池，聘請齊國的田單來當趙軍的統帥。

結果，不出趙奢所料，趙國陷入了一場得不償失的消耗戰，付出了很大的代價，只奪取了燕國一個小城，卻沒有獲得理想中的勝利。

寄望外來的和尚替自己誦經，是一般人最容易犯的錯誤行徑。

趙孝成王未聽任大將趙奢的話，花了三座城池的代價請來的傭兵統帥，果然未能盡心盡力，縱使沒吃敗仗，但也消耗了趙國原有的軍力守備，如果再有強敵來襲，就無力抵抗了。

用兵貴在神速，長久的消耗戰是最爲致命的，不僅軍心不易集中，軍隊也因長久的緊繃疲累，而達不到原有的戰力。

趙國最大的錯誤在於，不在自己的陣營中尋找適合擔當大任的將才，反而求諸他人，外人因與自身利益無關，勢必不會出盡全力，且多作保留。

事實證明，田單到趙國之後，事事仍以他自己的家國爲先，雖然最後仍不負所託以勝仗終結，但已將趙軍戰力拖延，再無壯大之力，趙國實在得不償失。

團結合作，才不會被各個擊破

如果彼此不能團結合作、互相支援，不管整體具有多大的優勢，都會很容易被對手個別擊破。

《孫子兵法．九地篇》說：「故善用兵者，譬如率然；率然者，常山之蛇也。擊其首則尾至，擊其尾則首至，擊其中則首尾俱至。」

分散兵力，導致首尾不能兼顧，不能相互救援，是兵家大忌。尤其是與對手實力相當的時候，一旦分散兵力，而彼此又相距過遠來不及互相救援，那就決定了此戰必敗。

東漢初期，漁陽太守彭寵作亂，率領數萬軍隊攻打幽州。幽州地方長官朱浮寡

不敵衆，退至薊州，並在那裡佈陣防衛。

東漢的初代皇帝劉秀聞訊，命令將軍鄧隆指揮援軍奔赴薊州作戰。鄧隆佈陣於潞河之南，朱浮於雍奴佈陣，準備與彭寵軍隊決戰。兩人派遣使者趕赴劉秀住所，向劉秀報告戰爭局勢。

劉秀看完信件，怒聲斥道：「兩人陣地豈不是相距百里之遙嗎？這樣勢必不能互相合作。與其如此，不如就此撤退，因爲這種佈陣方式必敗無疑！馬上命令此二人改變佈陣局勢。」

然而，劉秀的命令還沒到達前線，彭寵就已經率領大軍到達潞河，阻擋鄧隆的攻勢，又另外派出輕騎兵，從背後偷襲朱浮的軍隊。

朱浮的軍隊陷入一片混亂，而鄧隆的軍隊相隔甚遠，無法前往救援。最後，朱浮的軍隊大敗，鄧隆的軍隊也只好撤退。

一個企業不管擁有多少人才，也不管有多少分公司，如果人才與人才、分公司與分公司之間彼此支離破碎、各不相關，無法互相支援，那也不過和一個人、一家公司單獨運作的狀況差不多。

如果彼此不能團結合作，不管整體具有多大的優勢，都會很容易被對手個別擊破。因此，個人個人、部門與部門之間平常就需要保持聯繫，以備不時之需。

另外，保持這樣的聯繫還有其他好處，比如和各個部門相關的工作必須定期報告有沒有異常情況，爲什麼呢？

這是因爲如果採取異常情況發生之後再聯繫的方法，一旦發生緊急情況而無法立刻取得聯繫，就會導致採取對策的時間延遲，造成更大的損害。

用最精簡的人力發揮最大效益

無論是國家、企業還是軍隊，只要是一個組織，規模愈大，僱用的人才及相關經費也必然增加。

《孫子兵法．作戰篇》說：「善用兵者，役不再籍，糧不三載。」

舉凡兵役、勞役、徵糧這些打仗必須做的事，都是「擾民」的行爲，因此，身爲國君、將領，一定要了解事情的嚴重性，並儘量減少百姓的負擔。

五代後期，後周名君柴榮對家臣說：「對於軍隊來說，第一要務是使之增強，其次是增加數量。若只知增加士兵的數量，就得爲給付士兵們的餉銀而增稅，結果增加百姓的負擔。而且，如今我們的軍隊中，強壯的士兵與無戰鬥力的士兵混雜，根本不能充分地發揮作用。」

因此，他命令各地軍隊進行整頓。讓精銳的士兵晉升，而遣退虛弱無用的士兵，這樣一來，就能大大節省軍隊的開支。

此外，唐末以來，軍閥擁兵自重，不時威脅到中央皇室。對此，柴榮公開招募年輕力壯的士兵，並從各地軍隊中挑選出優秀的士兵，再將他們全部都集中在一起，命身邊的趙匡胤選拔，由中央直接管理。

透過以上的辦法，朝廷不但能掌控最優秀的軍隊，也節省了不少軍隊的人事開銷，可謂一石二鳥。

無論是國家、企業還是軍隊，只要是一個組織，規模愈來愈大，僱用的人才及相關經費也必然相對增加。

到了一定階段若不能針對組織內部的情況仔細規劃，就會讓整個組織的效率不

彰，甚至會導致組織的滅亡。

回頭看看歷史，我們會發現無論是古代還是現今，調整與管理人事對組織來說，都是必要的。

現在各企業，爲了讓公司能夠存續，也不斷地精簡人事。但進行裁員時，會引起公司員工的不安，員工常擔心：「下一個會不會輪到我？」以致無法專心工作。因而，公司的生產力下降，企業重整無法順利進行。

因此，進行企業重整時，有企業採取即使退職，景氣恢復後仍再僱用退職者的做法，以消除裁員帶來的不安。

阻斷對手的資源，就能不攻自破

當敵人入侵時，如果我軍無力抗衡，可預測敵軍的進攻地區，先將附近民家及物資撤離，這種方式也常被應用在商業競爭中。

《孫子兵法．虛實篇》說：「故敵佚而能勞之，飽能飢之。」

面對氣勢強悍的敵人應該避免正面交鋒，轉而截斷敵人補給，便能讓敵人疲於奔命，陷入飢餓狀態，一旦疲累飢餓，敵軍便無力反抗。

唐代中期，吐蕃國的大將悉諾邏率大軍攻入大斗谷，更進一步進軍目州，掠奪之後並且放火焚燒街道。

鎮守此地的唐朝部將王威明估計，敵軍長途遠征，將士必然疲乏，因此整頓軍

隊，轉向敵軍後方。

正巧，此時吐蕃軍遇到大雪，不斷有士兵被凍死，因此只得開始撤退。

察知敵軍的動向後，王威明便派遣一支部隊先趕至吐蕃國交接的國境，將那一帶的牧草全部燒光。

當悉諾邏退回至大川時，想讓士兵休息，把軍馬餵飽。然而，牧草已被燒得一根不剩，結果軍馬大半被餓死。

這時，王威明的軍隊從吐蕃大軍背後發動襲擊，渡過凍結的大川，進攻敵軍。驚恐的吐蕃軍只得拋下大量物資，遺棄不能動彈的士兵，倉皇撤退。這樣一來，王威明獲得了許多的戰利品和俘虜。

孫子兵法厚黑筆記

當敵人入侵時，如果我軍無力抗衡，可預測敵軍的進攻地區，先將附近民家及物資撤離，不讓敵人利用。

這種方式雖會損失自己的部分利益，但不會使敵軍獲利，進而保住自己的反擊能力，這就叫作「堅壁清野」。

這種方式也常被應用在商業競爭中。例如，某大百貨公司大舉侵入某商店街，商店街全體一起發動接受電話訂貨，將貨物送至老人家等等活動。

雖然提供這類服務，會使經費增加，利潤減少，但是這些措施可留住顧客，能守住自己的市場。

阻斷對手的資源，就能讓敵不攻自破；放棄眼前的利益，才能放眼未來。

收買人心是成功的不二法門

若上司只是平常擺擺架子，那還算不上壞，最糟糕的是有些上司非但不為部屬謀福利，還爭功奪利，硬把部屬的功績佔為己有。

收買人心是成功的不二法門

若上司只是平常擺擺架子，那還算不上壞，最糟糕的是有些上司非但不為部屬謀福利，還爭功奪利，硬把部屬的功績佔為己有。

《孫子兵法．作戰篇》說：「取敵之利，貨也。」

這句話簡單地說，便是「重賞之下必有勇夫」。將領帶兵征戰，非但不居功，反而將功勞、財富賞賜給下屬，不但可以收買人心，還可以使人信服，如此，一旦開戰，「打下的功勞便是自己的」，將士必能奮勇殺敵，以戰勝為目標。

唐初名臣中有位將領名叫李勣，深諳收買人心之道。

李勣原名徐世勣，字懋功，原本是盤據瓦崗寨的起義軍頭目之一，後來李世民發現他頗有將領之才，收編後封爲將軍，後來果然成爲名留青史的將領。

李勣能準確地把握將士們的特長與短處，只要將士們的言行中有良好的地方，就會表現得十分讚賞，公開加以推崇。而且，戰爭勝利後，他會把所有的戰功都分給部屬，從不佔爲己有。

此外，每次要出征或是凱旋歸來的時候，皇帝總是會賞賜給他很多金銀財寶，但他從不據爲己有，總是把這些寶物全部分送給部屬。

正因如此，李勣的部將們無不歡天喜地，個個誓死效忠，爲他英勇奮戰。後來李勣死的時候，衆將士們感念他的恩澤，無不悲傷落淚，有的人悲傷至極，還吐出了鮮血。

部屬聽從上司的命令是理所當然的事。對於心中有這種想法的上司，部屬往往無法眞心順服，在緊要關頭，他們就會棄之不顧。

想要收買人心，正確的做法是，課長要適時在經理面前誇獎部屬，上司要找機會向大客戶介紹自己部屬；部屬因客戶申訴、索賠而煩惱的時候，上司要和他一起向顧客道歉，還要幫助部屬處理後續事宜。只要平時上司能處處爲部屬著想，危難的時候，部屬也會爲上司四處奔走。

或許，你會氣憤地說：「部屬根本沒有幫助我呀！」如果眞的是這樣，那麼你是否應該好好反省一下自己是否爲部屬謀過福利呢？

上司只是平常擺擺架子，那還算不上壞，最糟糕的是有些上司非但不爲部屬謀福利，還爭功奪利，硬把部屬的功績佔爲己有。

例如，某個職員提出了一個非常棒的想法，改造公司的行銷系統，因而使公司獲得了莫大的利益。但是，他的上司卻強行奪走他的功勞，使他沒有得到應有的獎賞。像這樣的公司，不但留不住人才，還會逐漸步上解散的命運。

上司要懂得與下屬同甘共苦

能夠與部屬同甘共苦，就能夠贏得部屬的敬意，即使上司工作再輕鬆，部屬也願意承擔重任，這是關係到全體士氣的大問題。

《孫子兵法．謀攻篇》說：「上下同欲者勝。」

上下同欲就是指上下一心，上下一心便會有默契，領導者若想要達成上下一心的理想狀況，最重要的便是：「與下屬同甘共苦。」

人對於能共患難、同享樂的人總是會有一份特殊的感情，倘若能讓公司上下都能產生「我要與某某同甘共苦、同舟共濟」的想法，公司的營運才會蒸蒸日上。

西漢的時候，漢武帝手下有位十分出色的將領名叫李廣。

李廣是個有名的神射手，有一次去上山打獵，看到一處岩石，誤以爲是老虎，便舉弓射虎，竟把箭射入了岩石中。當隨從前去拔箭時，發現箭已經深深沒入石中無法拔出，不禁對李廣的神力感到無比敬佩。

李廣受到皇帝封賞的時候，會把所有的金銀財寶分給部屬，在戰爭中，飲食起居也和士兵們同甘共苦。

在缺乏水源的地方，即使只找到一點水，他也一定讓士兵們先喝，若不是所有的士兵都喝到水的話，他絕不先喝水。如果有哪個士兵沒吃飽飯，即使他再餓，再多的食物擺在他的面前，他也絕不吃飯。

正因如此，李廣手下的士兵們無不爲李廣效命。當李廣戰敗自殺的時候，士兵們個個痛哭流涕。

上司由於資歷的關係，總是獲得比部屬更優厚的待遇。高階主管上班的時候有

專車接送，而基層員工卻只能搭大衆運輸工具或靠雙腳走路去上班。

上司的待遇比部屬更優厚，這是理所當然的，因爲上司在危急的時候需要承擔更多的責任。但是，上司倘使因此表現出理所當然的樣子，是無法得到下屬認同的。

例如，工作十分忙碌的時候，如果經理竟然笑著說：「我的職位比大家高，早點下班回家也是正常的嘛！」然後拍拍屁股回家，這樣的表現，一定會招來大家的白眼，最後也會遭到撤職。

反之，假如上司能夠與部屬同甘共苦，就能夠贏得部屬的敬意。即使上司工作再輕鬆，部屬也願意承擔重任，這是關係到全體士氣的大問題。

上司唯有與下屬同甘共苦，不單單照顧自己利益，部屬才能與上司上下一心，共同解決工作中的問題。

嚴懲破壞團結的投機份子

只要大家能夠團結一致，一定能克服困境。因此，身處困境的時候，假若有誰破壞上下團結的關係，一定要嚴懲。

《孫子兵法．軍爭篇》說：「故三軍可以奪氣，將軍可以奪心。」

戰爭爆發的時候，敵軍會千方百計打擊我們的士氣，動搖將領的信心。身爲一個領導者，如果自己的軍隊尚未開戰就逃跑，士氣便蕩然無存。兵家最忌諱這種情況，因此對那些臨陣脫逃的人必須嚴加懲罰，以杜絕這種風氣。

五代十國的時候，柴榮當上後周皇帝不久，就遭到外敵入侵。

柴榮親自率軍迎敵，誰知戰爭才開始，指揮右路軍隊的將領竟然率領著騎兵臨陣脫逃。突來的變故使右軍軍隊大亂，最終全軍覆沒。

柴榮看到戰況一天比一天惡化，最後決定親自帶兵上陣，站在箭如雨林的戰場前線指揮士兵們戰鬥。

柴榮麾下名將趙匡胤看到皇帝率領的軍隊陷入危機，大喊：「主公保重，我來救駕！」隨即率領衆將士衝入敵軍陣營突襲敵軍，最後打敗了敵人。

戰爭結束後，臨陣脫逃的部將們聽到後周勝利的消息，竟然又若無其事，大搖大擺地回到軍營來了。

五代時期，軍隊中有股風氣，當局勢不利的時候就逃脫，勝利的時候就跟隨，就像牆頭草，兩頭都能倒。可是，柴榮不允許士兵們這樣做。

柴榮說道：「你們這些人，手中有足夠打敗敵人的兵力，卻見到敵人就逃跑。你們不就是爲了保全自己而把我出賣給敵人嗎？」

說完這句話，柴榮便下令把臨陣脫逃的一干人等，拉出軍營斬首示衆。從此以後，就沒有人敢再臨陣脫逃了。

當今社會上，有許多經營不善的企業破產倒閉，失業者也不斷增加。

爲了避免成爲不景氣的受害者，遇到的危機，公司上下必須精誠團結才能渡過險關，不容許投機份子瓦解士氣。

某家公司由於經營不善而破產了，破產後，公司的職員積極取得公司經營權，團結一致地繼續努力工作，把重建公司當作自己的目標。後來，本來已買入了這個破產公司債權的外資公司要求退出，公司職員們努力地四處籌集資金，把外資公司持有的債權買下來，終於成功地重建公司。

就像這樣，即使遇到困難的處境，只要大家能夠團結一致，一定能克服困境，取得最後的勝利。因此，身處困境的時候，假若有誰破壞上下團結的關係，一定要嚴懲，絕對不能姑息。越是關鍵的時刻越是要如此，假若允許了一個人臨陣脫逃，跟著就會有更多的人逃走，最後全盤崩潰，就再也無法東山再起了。

開除驕傲跋扈的部屬

公司需要優秀人才，但是「人才」若是趾高氣揚、自以為不可或缺的人，出於對全體士氣的考慮，還是不要比較好。

《孫子兵法．始計篇》說：「怒而撓之，卑而驕之。」

「怒」在這裡指的是志驕氣盛，自信滿滿的意思，遇到這種對手，就要設法撩撥他，使他暴跳如雷、失去理性的思考和判斷，一旦忘記自己的謀略，憑著怒氣出擊，對手就會失敗。

宋代的時候，名將王夔由於立下戰功而備受皇帝寵幸。但是，王夔卻十分驕奢狂妄，經常以此來耀武揚威。

有一次，皇帝任命余玠爲欽差大臣，代皇上前去封賞王夔。王夔率著衆多的軍隊來迎接，只見隊伍最前面，許多鮮艷的旌旗排成一列迎風招展，軍隊的聲音如雷鳴般的震耳欲聾。

看到如此場面，余玠的部屬們個個都嚇白了臉，但是，余玠仍舊面不改色，悠然地命令部屬把封賞交給王夔。

領賞而歸的王夔，驕傲自大地對親信們說：「你們瞧，全是膽小的男人！」

而另一邊，看到王夔如此傲慢，余玠心想：「若不早日除掉王夔，將來必然會功高震主，後患無窮。」

但是，當時王夔手中握著兵權，余玠一時難以找到下手的機會，於是找來武將楊成商議。

楊成說：「現在正是誘出王夔然後誅殺他的好時機。這次的事讓王夔更加自傲，目中無人，一定會放鬆警惕，此時可以把他引誘出來，然後對付他。」

得到楊成的幫肋，余玠下定決心，假裝邀請王夔商討作戰事宜。與此同時，楊成以迅雷不及掩耳的速度下令更換王夔手下軍隊的指揮官，並奪去了王夔的軍權。

余玠誘出王夔後，當場將他處死。

不管是公司，還是任何團隊，對組織做出貢獻的人，可以得到優厚的待遇，這是理所當然的。此時，若是有貢獻的人表現謙虛，就不會對其他人造成影響，但是其中總會有些人因此而趾高氣揚，驕橫跋扈。

若只是趾高氣揚那還算好，有的時候，面對上司的提醒，這種人會說：「我對公司有貢獻，而你卻沒有，我有必要聽你這樣的上司說的話嗎？」

這樣的言辭，不但對上司十分不尊重，也會危害公司的未來發展。

若是放任不管，公司的組織與紀律就會變得混亂不堪。雖然說公司需要優秀人才，但是「人才」若是這種趾高氣揚、自以爲不可或缺的人，爲了避免打擊公司的士氣，還是不要比較好。

如何對付倚老賣老的「公司元老」？

企業應該要授予上司充分的權力，有權力才能把部屬管好，把事情處理好，也才能建立上司的威望，使人信服。

《孫子兵法．謀攻篇》說：「將能而君不御者勝。」

將帥有能，而國君也能充分授權，這樣軍隊的才會有嚴明的紀律，才能獲得最後勝利。這句話的中心思想是說：「一旦開始戰爭，部隊便要對將領唯命是從，而君王也必須相信自己任命的將領，這樣才能得勝。」

這道理用在企業經營上，也是相同的。以下便是戰國名將司馬穰苴的鐵腕作風。

戰國時代，齊國遭到魏國和燕國圍攻，情勢岌岌可危，危急之時有人推薦司馬穰苴出掌兵符，率領齊軍禦敵。司馬穰苴臨危受命，出發前對齊王說：「我身分卑微，恐怕難以讓衆將士信服。因此，請大王派一個重臣來監軍吧！」

因此，齊王便派了當時的寵臣莊賈去當監軍。司馬穰苴和莊賈約定第二天中午在軍營門前相見。可是，第二天，莊賈來到軍營的時候已經是傍晚時分了。

司馬穰苴問莊賈爲何遲到，莊賈回答說去參加送別會了。

司馬穰苴氣憤地說：「如今，我國正處在生死攸關的危難關頭，主公夜不能寐，百姓也處於水深火熱之中，而你卻因爲參加送別會遲到，這是什麼意思？」

司馬穰苴怒氣衝天，找來執法官問道：「對於遲到者，軍法應如何處置？」

「處斬！」執法官說道。

莊賈知道事態非同小可，急忙派人向齊王求救。但是，司馬穰苴不管齊王的諭令，還是下令處斬莊賈。

將士一旦壞了規矩，違抗了軍令，無論多大的官階都應一視同仁，以軍法處置，因爲，法理不容私情。爲了貫徹命令，企業經營也應當如此。

部屬若是年齡比上司大、經驗比上司豐富，上司要管理這種部屬確實有些不易。特別是對一些剛剛升爲上司、缺乏經驗的人來說，越會感到棘手。這種情況下，上司被下屬瞧不起，甚至遭到頂撞的事也是屢見不鮮的。

這時，企業應該要授予這個上司充分的權力，有權力才能把部屬管好，把事情處理好，也才能建立上司的威望，使人信服。

對那些倚老賣老的「公司元老」，一個沒有權限的上司恐怕發揮不了領導作用！對付這種類型的人，與其使用懷柔政策，還不如引用公司的規章，不留情面地直接進行處分來得更好。

身爲上司，偶爾對下屬用一些強硬的手段，是很重要的。

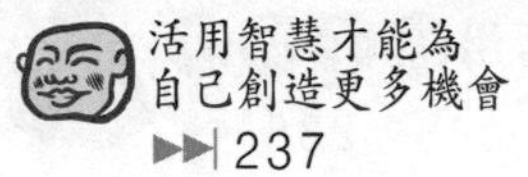

以身作則是最高領導守則

上司能夠以身作則地努力解決問題，部下一定也會感到振奮，進而引導出團體的向心力，各式各樣的問題也都能迎刃而解。

《孫子兵法．始計篇》說：「道者，令民與上同意也，故可以與之死，可以與之生，而不畏危。」

意思是說，在上位的人必須要「有道」，才能令屬下誓死追隨，以下這個故事中，袁崇煥的領導之道，便是「以身作則」。

明朝末年，後金國國王努爾哈赤，趁著明朝政局混亂之際，想一舉推翻明朝問鼎中原，於是率大軍進攻遼東。後金的軍隊勢如破竹，迅速佔領了遼東各地，接著包圍了軍事要塞寧遠城。

當時，駐守寧遠城的明朝將領袁崇煥，率領著一萬餘人的守衛軍死守寧遠城。朝廷沒有派遣援軍，袁崇煥因而陷入孤立無援的境地，但完全沒有退縮的樣子。

爲了對抗從四面八方來襲的敵人，袁崇煥使用了最新式的大炮戰鬥，暫時擋住後金軍隊的勢攻。

努爾哈赤見局勢有利於對方，便改變戰術，集中兵力猛烈地進攻。激烈的戰鬥中，城牆倒塌了，袁崇煥的手腕也受了傷，被士兵攙扶著從城牆上撤了下來。

但是，袁崇煥並沒有因此膽怯，撕下衣服包住傷口，又再度舉起刀，衝上佈滿敵人的城牆繼續戰鬥。守衛軍的將士們看到這種情景士氣大振，一致奮勇抗敵，最後擊退了敵軍，迅速地修復了城牆。

就這樣，經過三天三夜的激烈攻防戰，後金軍隊被擊退，明朝得以延續。

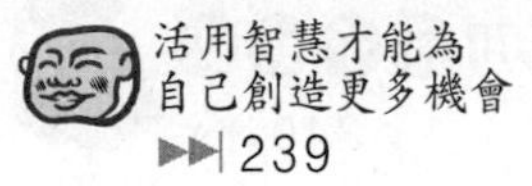

我們可以看到現代企業的管理階層中，有一類人只因自己的職位比下屬高，就整天擺出一副大爺的架子，一旦發生客戶索賠或是其他麻煩的事件，卻只會對下屬說：「這件事不是你負責的嗎？你要負責把這件事處理好，要不然的話……」一味地把責任推到屬下的頭上，自己卻佯裝不知，若無其事。

但是，在這樣的上司底下工作，部屬能夠全心全意地爲公司付出嗎？實際上沒有犯錯的部屬，卻必須接受上司推諉責任的責罵，心裡一定會感到十分不平，工作效率也將會因此而大大降低。這種負面影響給全體組織帶來的巨大損失將是難以估量的。

反之，倘若在工作中出現了棘手或危急的問題，上司能夠以身作則地努力解決，部屬一定也會感到振奮，進而激發出團體的向心力，各式各樣令人頭痛的問題也都能迎刃而解。

總而言之，身爲上司，必須要在「萬一」的時刻一馬當先，以身作則。

賞罰分明決定企業的競爭力

下屬做得好，就該給予獎賞；下屬做了壞事就應當懲罰。如此，就能使屬下們為了提高業績而努力，為了不犯錯而小心謹慎。

《孫子兵法．始計篇》說：「賞罰孰明？吾以此知勝負矣。」

這句話的意思是說，由賞罰的制度明確與否，可以決定最後由誰得勝。無論是軍隊或企業，倘使不能賞罰分明，那麼下屬在打仗或工作的時候就不會賣命，進而失去對組織的向心力。

隋朝的將領杜伏威，曾經召募了五千多名的勇士，組成了一支名爲「上募」的敢死部隊。杜伏威十分愛惜這支軍隊，並與他們同甘共苦，生死與共。

一旦發生戰爭，杜伏威就立即召集「上募」這支軍隊參戰，戰爭一結束，杜伏威就檢查每個士兵的背部。要是發現哪個「上募」士兵的背部有傷痕，這個士兵就立即被處以極刑。因爲，這表示這個士兵由於懼敵而想要臨陣脫逃，背對著敵人才被砍傷，這就是爲什麼杜伏威要嚴厲處罰的原因。

反之，對於戰利品的賞賜、戰功的論處，杜伏威也十分公正，一律依照戰功大小獎賞在戰鬥中英勇殺敵的人。

因爲杜伏威總是論功行賞，依罪定罰，所以士兵們對他非常信賴，一旦上了戰場，便奮不顧身，所向無敵。

在工作中，下屬做得好，就該給予獎賞；下屬做了壞事就應當懲罰。這看起來很簡單，但確實十分有效，只要反覆運用「蘿蔔與棒子」，就能使屬下們爲了提高業績而努力，爲了不犯錯而小心謹慎起來。

說到賞罰，往往會讓人聯想到加薪或減薪，有些人或許會說：「我又沒有給部屬加減薪水的決定權，這樣不是就難以做到賞罰分明了嗎？」

實際上，動不動就給部屬加薪或是減薪，根本不能算是賞罰分明。表揚或是批評等等，也是一種簡易形式的賞罰。

對於十分努力工作的部屬來說，上司只要說聲：「做得很好！」僅是這樣一句慰勞的話語，也能讓部屬立刻士氣大振，繼續努力。

事實上，行賞論罰是非常容易的。

最糟糕的就是有些上司不說好也不言壞，對下屬不聞不問，置之不理。一旦下屬覺得不受重視，也會慢慢失去向心力。

總之，要當一個英明的上司，就應該要依照下屬的表現，給予恰當的讚揚或是批評，這樣才是眞正的賞罰分明。

沉著冷靜才能取得勝利

一個優秀的領導者，不管在多麼緊張混亂的情況下，都必須保持冷靜鎮定的態度，這樣才能夠穩定局勢，也才有機會轉危為安。

《孫子兵法．謀略篇》有一句名言：「百戰百勝，非善之善者；不戰而屈人之兵，善之善者也。」

想要「不戰而屈人之兵」，必須有一個運籌帷幄的將領。兩軍交鋒，最重要的精神指標便是將領，一個有能力的領導者，愈是身處險境，愈能冷靜自處，部屬縱使慌亂，見到冷靜的將領也會像吃了定心丸一般。

北宋末年，宋朝遭到金國侵犯，面臨亡國的危機。在這緊要關頭，全國各地紛

紛成立了誓死保衛祖國的義勇軍，岳飛率領的岳家軍也是其中之一。

岳家軍在各地擊退了來犯的金軍，接近新鄉的時候，遭遇了金軍大舉進攻。然而，岳飛奮不顧身地指揮軍隊反擊，擊退了金軍，而且俘虜許多的金軍的兵馬，繳獲許多兵器和裝備。

當天夜裡，岳家軍回到自己的營地，誰知幾小時後，金軍突然發動夜襲，猛烈地攻擊岳家軍的營地。

遭到突然襲擊，將士們都十分驚慌。可是，岳飛卻仍舊一動不動地躺在床上休息，絲毫沒有驚慌失措的樣子。

看到岳飛冷靜的樣子，驚慌失措的軍士們立刻鎮定起來。

突襲的金軍看到岳家軍的營地一片寂靜，以為岳家軍佈下了什麼陷阱，都感到害怕，士氣隨即潰散，最後垂頭喪氣地撤退了。

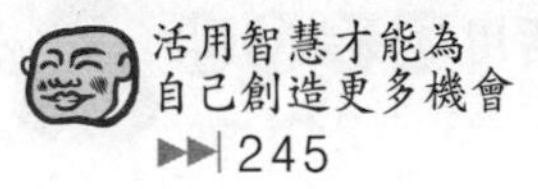

人總是在突然發生意外事件或事故的時刻感到慌張。

即使遭到再大的不幸和危機，身爲一名領導者絕對不可以動搖。所謂的領導者，就是一個組織的樑柱，這根樑柱一旦動搖的話，整個組織也將搖搖欲墜，就算是一個小小的事故，也會因爲領導者動搖而演變成無法挽救的地步。

太平洋戰爭中的名將山本五十六，在中途島海戰中，遭到美國軍艦突襲，戰況十分激烈，此時，他居然悠然自得地在軍艦上下起了象棋。甚至連聽到航空母艦被炸彈擊中，也是只平靜地說了聲：「是這樣呀！但還是得繼續打吧！」接著又繼續下他自己的象棋去了。

反觀現代的領導者，一遇到麻煩的事情就顯得十分慌張。一個優秀的領導者，不管在多麼緊張混亂的情況下，都必須保持冷靜鎮定的態度，這樣才能夠穩定局勢，也才有機會轉危爲安。

制度完善，企業才會不斷進展

上司的寬容雖沒有錯，但千萬別忘記，所謂的寬容大度，絕對不是睜一隻眼閉一隻眼。

《孫子兵法．始計篇》說；「法者，曲制、官道、主用也。」

兩軍對戰，既鬥智又鬥力，更較量誰的軍紀比較嚴明。軍紀嚴明的話，將軍一聲令下，軍隊就能立刻依將領的指示行動。只是，要如何做到軍紀嚴明呢？

綜觀歷史，名臣賢將都是由小地方做起，由小事立威，爲上者若是展現威嚴，下屬就會全力配合。

這是發生在宋代，馬知節擔任定遠知縣時的事。

當時，由於遭到敵軍侵略，百姓紛紛逃到軍隊的營地中避難，有些士兵就去偷難民們身邊的首飾和值錢的東西。但是，軍官們對此事不聞不問，沒有懲罰士兵就把他們全都放走了。

知道這件事之後，馬知節十分生氣：「百姓本是爲了逃避外敵的侵擾才躲到軍營來的，身爲同胞的我們還加害他們，簡直天理不容。掌管軍中賞罰的人，爲什麼沒有處罰那些罪犯？」

最後，犯罪的士兵被判重刑，並昭告大衆。

之後，敵軍再度侵犯國境邊界，百姓紛紛逃入城中避難。這時，馬知節承諾居民們說：「假如有誰敢再偷你們一針一線，我一定重重處罰，絕不輕饒！」

後來，有個人因爲偷了小孩二百文錢被抓住了，馬知節立即下令處以重罰。從此以後，就沒有人膽敢再以身試法了。

紀律嚴明、制度完善，企業才能不斷進展，但是，有些事必須以效益爲重。

把公司的文具用品當作自己的東西偷偷拿回家，這雖然是不好的事，但是把這種事拿來當作處罰員工的理由，對公司來說並不合乎效益。

因此，上司有必要對部屬一些小小的「惡事」稍稍地給予寬容。但是，過度放縱使這種小「惡事」發生的話，大家會掉以輕心，甚至變本加厲，最後造成動搖企業根本的後果。

就拿政府部門的「特支費」或民間企業的「交際費」來說，有些人把它拿來當私人款項使用，如果主管人員對此睜一隻眼閉一隻眼，就會養成貪瀆風氣。所以，領導者還是必須分清楚事情的好壞，公事公辦。

只有每個人都遵守規則，大家行事才會方便。上司的寬容雖沒有錯，但千萬別忘記，所謂的寬容大度，絕對不是睜一隻眼閉一隻眼。

PART. 09

陷入困境，也可以反敗為勝

面對進退維谷的困難情況，既不能躁進，也不能逃避，而是需要更多的信心、勇氣與智慧，只要堅持到底，就一定可以獲得成功。

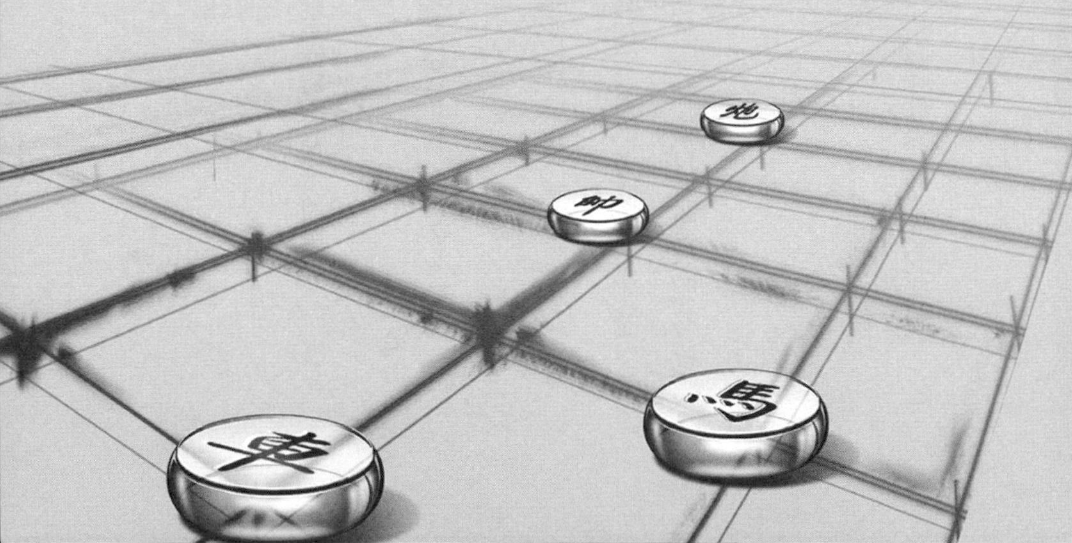

順著風勢發揮自己的優勢

要在順風時順勢而為才容易成功。鬥智鬥力的最高境界就是要學會創造順風的環境，然後適時放一把火，讓產品銷售更加順利。

《孫子兵法．火攻篇》說：「火發上風，無攻下風。」

這句話的意思是，點火時必定要處在上風，讓敵人處在下風，這樣攻勢才能奏效。應用在現代商業競爭，就是要懂得察言觀色，從「風勢」判斷自己處於順勢或逆勢，靜待時機發動「火攻」。

東晉末年，建武將軍劉裕組織義勇軍，與篡位稱帝的桓玄對抗。雙方開戰之後，劉裕命令較弱的士兵，在覆舟山上插上大量的軍旗，然後在山腳堆滿浸了油的柴火。

而桓玄的陣營裡，竟然無人知曉此事。

接著，劉裕及部下劉毅等人分別率領部隊逼進桓玄的陣地，隨即發動突襲。

此時，劉裕將士一致以死相拚，頗有以一擋百之勢。

依照劉裕的預測，風勢漸漸變強，往桓玄陣營吹去。

於是，劉毅命人將山谷中的柴火點燃，火勢瞬間蔓延開來，黑煙覆天，與此同時戰鼓震天，響徹山谷。

桓玄陣營的將士見狀，以爲敵人大軍攻來，頓時陷入恐慌之中，爭先恐後逃跑，桓玄陣營瞬間潰滅。

《聖經》有云：「智慧勝過武力，智慧比武器有更大的作用。」

的確，有勇敢而沒有機智，就像一把沒有準星的槍，而沒有智慧的頭腦，就像沒有蠟燭的燈籠，因此，一個熟諳厚黑權心理的人，通常不會用蠻力去挑戰對手最強的地方，而是會用智力去攻擊對手最弱的部位。

人生既有順風之時，也有逆風之時。順風之時事事順意，但遇上逆風之時，無論如何努力，也未必能夠進展順利。

以推銷商品爲例，無論推銷員多麼擅長推銷，倘若對方沒有購買的慾望，再怎麼努力也無法把產品推銷出去，反倒會被視爲死纏爛打，令人厭煩。

因此，要在順風時順勢而爲才容易成功。鬥智鬥力的最高境界就是要學會創造順風的環境，然後適時放一把火，讓產品銷售更加順利。

就推廣業務而言，想要有效地煽風點火，在拜訪客戶時，要避開對方的休息時間，較容易與對方談得投機，這時候，就能順勢向對方推銷，使交涉順利進行。

從這點來看，善於察言觀色的人，比較適合從事業務工作。

攻擊別人的弱點，開發自己的商機

再大的公司企業歷經長時間運轉，一定會僵化，逐漸出現經營不善的問題。這時候，正是中小企業主動出擊，扭轉局面的好時機。

《孫子兵法．謀攻篇》有云：「以虞待不虞者勝。」虞，在此有準備的意思，而準備又有消極與積極兩個層面，一是消極的累積自己的實力，不論敵人採取何種攻勢，都能以實力去應付。另外一個層面，則是積極找出敵人的弱點，爲自己創造勝利的機會。

唐太宗李世民在討伐高句麗之時，親自率軍進攻朝鮮半島。

李世民之子李道宗在名將李靖的輔佐下，率前鋒進入遼東，佔領一處大城。

爲了奪回這座城池，敵方派大軍圍到城前。

這時，前鋒部隊的將領們主張等到李世民率領的大軍抵達後，再大舉進軍，以衆擊寡必然穩操勝券。

但是，皇子李道宗卻表示反對，分析說：「敵人遠道而來，行軍甚急，兵卒已疲勞至極，無力作戰。而且，敵軍驕傲自大，容易看輕我軍，放鬆警惕，只要我們全力作戰，就可擊敗他們。」

「的確如此。」李靖認同李道宗的看法，便率數千騎兵，不時對敵人陣地發動突擊，使敵軍疲於奔命，最終擊破敵軍。

善於作戰的人，總是能夠運用計謀，抓住敵人的弱點發動攻勢，用不著大費周章就可輕而易舉地取勝。

無論多麼強悍有力的部隊，若是經過長時間行軍、征戰，卻沒有足夠的休息，就會因疲勞而失去戰鬥力。

同樣的，再大的公司企業歷經長時間運轉，在制度或公司結構方面就一定會僵化，逐漸出現經營不善的問題。

這時候，正是弱小軍隊或者中小企業主動出擊，扭轉局面的好時機。只要有著激昂的鬥志，弱小的軍隊也可能戰勝強大的軍隊；若能具備求新求變的精神，中小企業當然也可以戰勝大企業。

例如，日本的丸山證券原本只是一家小公司，但是在經濟不景氣之中，丸山不拘泥於以前的交易方法，利用網際網路進行交易，不僅成功地打敗證券界的龍頭老大，並且賺得高額利潤。

掌握局勢便是最大的贏家

不管行軍作戰或企業競爭，只要擺出無懈可擊的陣勢，設法挫傷敵軍的銳氣，就能掌握絕對優勢。

《孫子兵法·兵勢篇》說：「任勢者，其戰人也，如轉木石。」

意思是說，能借勢造勢、掌握形勢的人，指揮部將作戰就如同轉動木石一般。這樣優秀的將領能看出對手的弱點，要是對手沒有弱點，就創造弱點，打擊對手的士氣，使對手無力反擊。

唐玄宗晚年縱情聲色，安祿山與史思明趁機起兵叛亂。

有一回，唐軍名將李光弼率軍進擊常山，與史思明的部隊相遇，兩軍對峙了四十日。李光弼了解史思明並非能輕易打倒的對手，於是向郭子儀求援。

郭子儀馬上率部隊馳援，與李光弼的部隊合一，向史思明發動猛烈攻擊。史思明敵不過郭李聯合部隊，因而敗走。

得知此消息後，安祿山派遣數萬精銳部隊與史思明會合，增強他的戰鬥力。

李郭聯軍得知消息之後，馬上構築防衛工事，鞏固防守，至於兵力增強的史思明則捲土重來，和唐朝大軍形成對峙局面。

此時，李郭聯軍採取敵攻我守、敵退我攻的策略，白天敵軍攻打，他們就退回防守，晚上便襲擊史思明陣營。

史思明的部隊因此無法充分休息，漸漸失去精神。

數日後，李光弼觀察敵軍後說：「敵軍已失去鬥志，現在就是決戰的時刻。」

隨即李郭聯軍發動總攻擊，順利擊退史思明率領的叛軍。

無論如何努力都無法成功的話，人就會失去幹勁，失去了幹勁，本來可以成功的事，最終也會以失敗收場。

因此，不管行軍作戰或企業競爭，只要擺出無懈可擊的陣勢，設法挫傷敵軍的銳氣，就能掌握絕對優勢。

以企業來說，研究出新發明，取得專利，就可從生產該項物品的企業取得權利金，發明者就能獲利。但是，要申請專利，就必須公佈製造方法，這樣一來，專利期限一過就無法繼續獨佔市場，只能在短時間內獲利。

因此，有的企業衡量利弊得失之後，會做出放棄申請專利的決策，並將製造方法視爲商業機密。要是無論如何都無法仿製的話，別的公司就會放棄加入競爭，該公司就可以一直獨佔市場。

替自己創造最有利的環境

行軍作戰必須考量天時、地利、人和等客觀局勢，當自己身處不利的情勢時，就要將敵人引誘到於我方有利的地方作戰。

《孫子兵法．兵勢篇》說：「戰勢不過奇正，奇正之變，不可勝窮也。」

戰爭之法，不過就是奇兵與正兵的交互運用，奇正交錯變幻莫測，讓人防不勝防。善用奇正之道，不僅可以使自己立於不敗之地，還可以百戰百勝呢！

清朝末年，大清國和法國在越南掀起戰爭，黑旗軍首領劉永福在雲貴總督岑毓英推薦下擔任提督，在越南與法軍作戰，是一員勇敢善戰的大將。

當時，清朝大臣李鴻章只想與法國講和，並不贊同劉永福與法國開戰的主張。

可是，法軍根本不理會清廷談和的意願，堅持攻打，清廷不得已只得反擊，並對劉永福下達出擊的命令。

爲了不直接受到法軍的攻擊，以便有效採取游擊戰術襲擊敵陣，劉永福根據當地地形佈好陣局，命士兵們隱藏起來，再將法軍誘出。

雙方交戰三次，劉永福的黑旗軍三戰三勝。

當法國的援軍抵達時，劉永福的軍隊與岑毓英的水師竭力作戰，驅走了法援軍。

翌月，法軍再度打來，劉永福與岑毓英聯合製造假象，由劉永福率部隊出現在河上。法軍見狀，果然上當，追擊劉永福的軍隊。此時，隱藏在河流兩岸的岑毓英立即發動炮轟，大破法軍軍隊，將其擊退。

劉永福和岑毓英擊敗法軍，說明了行軍作戰必須考量天時、地利、人和等客觀局勢，當自己身處不利的情勢時，就要將敵人引誘到於自己有利的地方作戰，即可

克服不利己方的狀況。

例如，進行商業談判時，與其前往對方的公司談判，倒不如邀請對方來自己公司或自己慣去的場所談判，談判就可朝有利於自己的方向發展。

在自己熟悉的場所進行交涉，不僅可以使自己的精神、思緒保持穩定冷靜，同時也有利於運用各種戰術。

在這種狀況下，即便原本棘手的談判，也將轉而有利。

特別是，如果選擇對手不熟悉的場所，就可使對方處於緊張狀態，更加有效。

不過，如果是連自己也不熟悉的地方，反倒會使自己不利，這點必須注意。

有耐心，才能抓住消費者的心

如果公司急於取得成果而加入價格戰，恐怕無法生產有特色、有品質的產品，進而取得消費者信賴。

《孫子兵法．謀攻篇》有句話說：「拔人之城，而非攻也。」

原句的意思是，作戰的目的是取得別人的城池，而不是透過強攻猛打損耗自己的元氣，最後卻得到一座廢城。

《孫子兵法》中最重要的概念在「謀」，其他的形勢、條件……等等只是謀計時的參考而已。以下故事中的慕容恪就是善於評估敵我的情況，所以能在不傷兵將的情況下打敗呂護。

五胡十六國時代，前燕的部將呂護私通東晉，想要叛國。得知此情後，前燕國王大怒，立即命令宰相慕容恪討伐呂護。慕容恪指揮軍隊包圍呂護據守的城池，但是卻久攻不下。

這時，一位前燕軍部將對慕容恪說：「敵軍不過是臨時聚集的烏合之衆，而且，我們的軍隊已包圍了這麼久，對方必定會失去戰意。因此，應該儘速發動猛烈攻擊，然後將部隊牽回，以免浪費軍餉。」

慕容恪說：「呂護是不容輕視的強敵，無法輕易打敗，但我們這樣包圍他，他們便無法得到物資上的補給，也不可能請求外部救援。只消幾個月，敵軍自然就會潰敗。不能爲了一時的利益，而犧牲士兵們的生命。」

爲了斷絕呂護的一切奧援，慕容恪嚴密的包圍戰持續了很長一段時間，六個月之後，呂護的軍隊果然不攻自破。

現代可說是以速度取勝的時代，稍稍拖延就會造成巨大損失，然而規劃企業產品越快就越有利的這種說法，其實並不是絕對正確的。

過去經濟高度成長時期，各大電器製造商和電子產品製造公司爲了要促進消費者的購買慾，紛紛打起價格戰。但是，有些公司卻不願加入割喉戰，生產品質低劣的產品。在這種狀況下，有許多買了廉價商品的消費者，發現商品品質不如自己預期，紛紛轉而購買這些高品質公司的新產品，而且在這個過程中，這些公司也爲自己建立了非常好的口碑。

如果這些公司當時急於想取得成果而加入價格戰，恐怕無法生產有特色、高品質的產品，進而取得消費者信賴，那麼，新產品將無法賣出，最後演變成大量商品因爲滯銷而堆積於倉庫中的窘況。

有時候，花點時間反而可以取得更好的利潤，因此面對市場的劇烈競爭不必太著急，應該緩下腳步努力研發，創造屬於自己的市場，這才是最重要的。

陷入困境，也可以反敗為勝

面對進退維谷的困難情況，既不能躁進，也不能逃避，而是需要更多的信心、勇氣與智慧，只要堅持到底，就一定可以獲得成功。

《孫子兵法·地形篇》強調：「隘形者，我先居之，必盈之以待敵。」隘，是指兩側高、中間低的地形，作戰時遇到這種地形，必定得搶先埋伏，待敵人進入後，立即發動攻擊，讓敵人防不勝防。

唐代初期，李密興兵叛亂，率大軍攻佔山南。當時負責守衛山南的部將史方寶懼怕李密，對同僚盛彥師說：「李密是勇猛的武將，而且左右親近都十分優秀，部下打仗也都非常拚命。如果沒有萬全之策，根本無法打贏他。」

盛彥師笑道：「請借我數千名士兵，我將迎擊李密，打敗他給你瞧瞧。」就這樣，盛彥師率部隊開往熊耳山之南，到那裡之後就停止進軍，命令手持弓箭的士兵登上道路兩側高處，命令持著刀盾的士兵隱藏於溪壑中。

「一旦敵軍通過半數，便一齊進攻。」

聽了盛彥師此番命令，有人不禁懷疑地問：「我聽說李密正前往洛州，爲什麼命令我們到此埋伏呢？」

「李密放出假消息說要去洛州，實際上是準備到去城，一定會經過這裡。這個峽道既狹窄又險要，大軍行動處處受限，我們事先佈陣在這等待，必能打贏。」

果然，不久之後李密率大軍行經此地。盛彥師的部隊發動突襲，李密不及防備，大軍又被地形牽制，無法維持陣勢，頓時陷入混亂，最後李密戰死於混戰之中。

加入一個市場，必須要面對的就是如同「隘」一樣的環境，所面臨的對手會是

在這個行業有許多經驗的企業，而且他們早已在消費者心中累積下一定的知名度和地位。也就是說，當你的商品與同業的商品一起擺在商店架上的時候，同業的商品被買走的機會比較大。

所以，「隘」是指困難的環境，想要向前挺進，有許多同業在高處和前進的道路埋伏；想要後退，卻又早已投入許多資金，一旦抽身便血本無歸。不過，身處在這樣的環境底下，眞的有這麼糟糕，毫無生路嗎？其實，只要不怕困難，努力尋覓機會，還是有許多可以反敗爲勝的方案。

例如台灣的正新公司，原本是經營輪胎代工事業，但是後來決定建立自己的品牌「MAXXIS」，並打算讓這個品牌在美國登陸，因而努力經營品牌形象，最後在衆多美國廠商中，爲自己的品牌建立口碑，成功的獲得美國消費者的認同，目前是全世界排名第十二的輪胎廠。

由此可見，面對進退維谷的困難情況，既不能躁進，也不能逃避，而是需要更多的信心、勇氣與智慧，只要堅持到底，就一定可以獲得成功。

先評估勝算，再決定如何發展

大多數商業鉅子計劃投入新事業時，必定先看勝算再投入。毫無勝算，只是因為流行就著手新事業，只會成為失敗的經營者。

《孫子兵法．軍形篇》說：「故善戰者之勝也，無奇勝，無智名，無勇功。」古時擅長打仗的將領，他們打的勝仗，表面看來平淡無奇，既沒有奇特的謀略，也沒有華麗的陣形，之所以能夠這樣輕易的取勝，是因爲他們在打仗之前，早已預測到戰局將會如何發展！

唐高祖李淵統一天下之前，強敵劉武周屢次率兵從背後襲擾。當時，劉武周據守太原，並且命令部將宋金剛屯駐河東。

李世民奉命征討劉武周之時，對部將們說：「宋金剛遠道而來，牽軍攻入我們的領土，他們的精兵猛將全都聚在這兒。劉武周據守太原，以宋金剛的大軍作爲後盾，宋金剛軍隊雖然精銳，但軍隊物資不足，只能靠掠奪來維持。因此，倘若我軍堅守崗位，養足士氣，挫傷敵人的銳氣，然後派軍隊進攻，直抵敵軍中央，那麼，敵軍就會因物資耗盡而無計可施。我們應等待這樣的時機，不宜急戰。」

擬定策略後，李世民還派遣軍隊切斷敵軍的補給線。毫無後援的情況下，宋金剛不得已只好退兵，劉武周則因援軍未能抵達，而被打得潰不成軍。

和敵人鬥智鬥力的時候，發現敵人有可乘之隙，必須立即乘虛而入，而不要洩漏本身的意圖和行動，要打破常規，根據敵情決定作戰方案。

在變動不羈的競爭環境中，一個英明的領導者必須根據不同的情勢，採取相應的作戰方針，不管伸縮、進退，都應該進行客觀的評估，如此才能獲得勝利。千萬不要錯估形勢，讓自己一敗塗地。

大多數商業鉅子計劃投入新事業時，必定先看勝算多少，再決定投入。若是毫無勝算，只是想著「這個行業目前正在流行，一定能獲得極大的利益」，就著手新事業，而未能仔細估量情勢，最後只會成為失敗的經營者。

投入一項新事業之前，一定要審慎，先做好營運計劃，而且這個計劃一定要經過詳細的評估，一旦制定就要確實執行，即使一時看不出成效，也應該抱著持之以恆的心態好好地完成。

只有心態對了，再加上充分的準備，才能獲得成功。

越普通，就越容易成功

許多看來普通的地方，都出乎意外地隱藏著陷阱，相對的，許多普通的東西都暗藏著成功的契機。如果能注意到這點，成功就不會太遠。

《孫子兵法．行軍篇》強調：「養生而處實。」

以行軍作戰而言，想要「養生處實」，具體的做法是，軍隊要駐紮在鄰近水草、補給方便的地方，讓自己充實有備，不可以因爲物資取得容易，而忽略了這點。

三國時代，有次蜀國宰相諸葛孔明率蜀軍進攻魏國。蜀軍持續進攻，轉眼間攻下了南安郡、天水郡、永安郡。

諸葛孔明截斷魏國的補給，並以三郡爲前進據點，此外，爲了攻打長安、洛陽，他也十分重視魏國的補給重鎮街亭。

因此，諸葛孔明委任馬謖防守街亭，並且命令道：「絕不能在山上佈陣。」

然而，自認精通兵法並相當自負的馬謖，一到街亭就不顧諸葛孔明的命令，捨棄山下的城池在山上佈陣，並說：「在山上佈陣更能看清敵方的動向。」

另一方面，率軍迎擊蜀軍的魏國大將司馬懿看到蜀軍佈陣山上，就命部將張郃包圍蜀軍。這一包圍，山上的蜀軍無地汲水，飽受饑渴的侵襲，因此投降魏軍的士兵不斷，不久蜀軍崩潰了。

街亭失守，諸葛孔明只得放棄好不容易打下的三郡，率軍撤退。

人沒有金塊也能活下去，一旦沒空氣就活不下去。但是，由於空氣不需努力便可取得使用，因此並不如金塊那樣被重視。

馬謖也因水到處都能取得，而忽略了水的重要性，他雖然考慮了一些對戰鬥有利的因素，卻沒想到要確保最重要的水源，結果在魏軍包圍下，不僅街亭失守，諸葛亮的北伐大業也重挫。

許多看來普通的地方，都出乎意外地隱藏著陷阱，相對的，許多普通的東西都暗藏著成功的契機。如果能注意到這點，成功就不會太遠。

例如，生活必需品或者是隨便就能賣得出去的普通商品，一般店家都不會特地爲此提供特別服務，但是，倘若抱著「謝謝您的購買」的用心態度來販賣生活必需品，結果將會如何呢？

如果願意在細微的地方用心，顧客一定會感到受到店家的心意，並且對這家店抱有好感，下次還會再來光顧。

把部屬當作自己的兒女

部屬遇到困難，一定要出手相助，記住，部屬是上司最有力的資源，一定要優厚地照顧他們！

《孫子兵法．地形篇》裡有句話說：「視卒如嬰兒，故可與之赴深谿；視卒如愛子，故可與之俱死。」

把部屬當成嬰兒一般呵護，當成親生兒子般疼愛，部屬就會感念將領的恩澤、赴湯蹈火在所不惜。這個道理，運用在企業經營中也是相通的。

開創唐朝盛世的皇帝唐太宗李世民，在出兵遠征朝鮮半島的時候，曾親自到官兵的軍營去慰勞官兵。

其中有位士兵因病長期臥床不起，李世民就去這個士兵的營帳探望他，一邊噓寒問暖，一邊吩咐身邊的人仔細地看護他。看到李世民如此關心他們，士兵都十分感動，爲了報答他，連病人也都忘記痛楚，不顧一切地英勇奮戰。

還有一次，在激烈的戰爭中，右衛大將軍李思摩被敵人的毒箭射中，李世民竟然親自爲他吸出毒血。

聽到這件事後，隨軍的文武官員們都暗暗在心中立下誓言：「一定要誓死效忠李世民！」

戰爭結束，要從朝鮮半島班師回長安的時候，李世民下令把戰死將士的遺體找回來，隆重地爲他們舉行葬禮。

舉行葬禮時李世民痛哭哀泣，對這些爲國捐軀的將士們表示深切的哀悼。士兵們看到這一情景，無不黯然淚下。回到中國之後，他們把這些事告訴戰死將士的父母們。將士家屬們感動地說道：「兒子的死，能讓皇帝陛下爲他哭泣，那他就死得有價值了。」

人們總是把在自己最困難的時候幫助過自己的人牢記心中，永遠不忘記。

在工作上犯錯的時候，如果上司只會一味數落，部屬就會十分失望。假如換成一位雖然平日總是嘮嘮叨叨，但緊急時刻會和部屬一起挽救錯誤的上司，部屬就會對上司心存好感。

比起一個只會數落部屬卻什麼都不做的上司，一般上班族一定更希望自己的上司雖然愛數落人，但會在困難的時候幫助自己。在這樣的上司底下工作，一定會更有心想把工作做好！

如果你是一位部門主管，在部屬遇到困難的時候，是否曾出手相助呢？如果有，那麼部屬一定會感念在心，將來有機會一定會反過來幫助你。假如沒有，危難的時候，部屬就可能會置身事外，讓你慘不忍睹。

記住，部屬是上司最有力的資源，一定要優厚地照顧他們！

PART. 10

敵人太過強大，就要設法套殺

許多人總是認為設下圈套打擊敵人是卑劣的手段。但是在慘烈的商業競爭中，只要不違法，無論使用什麼招數取勝都是理所當然的。

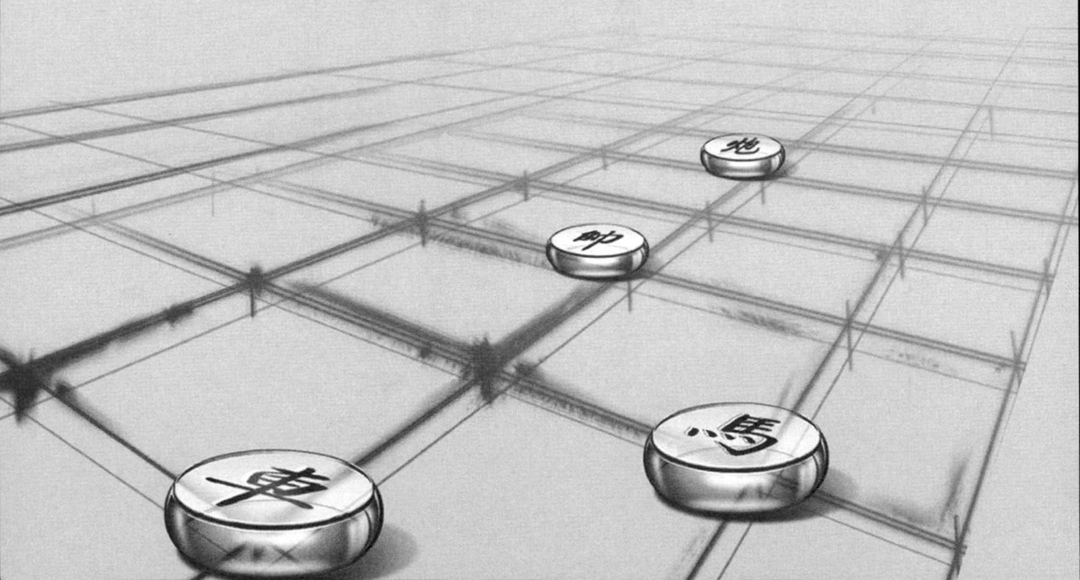

敵人太過強大，就要設法套殺

許多人總是認為設下圈套打擊敵人是卑劣的手段。但是在慘烈的商業競爭中，只要不違法，無論使用什麼招數取勝都是理所當然的。

《孫子兵法．軍形篇》說：「故善戰者，立於不敗之地，而不失敵之敗也。」

善於征戰的人，懂得以保全自己的實力爲基礎，讓敵人無機可乘。不但這樣，還能掌握對手的破綻，並且將之擴大，創造獲勝的機會。

南宋初期，金兵在大將兀朮領軍下以破竹之勢南侵宋朝。

宋朝派出部將劉錡迎擊金軍，兩軍隔河對峙。

劉錡擅長行軍作戰，一方面命令耿訓的部隊出陣挑釁兀朮，兀朮被激怒，翌日便渡河要攻打宋軍陣地。另一方面，劉錡則事前派人於上游的水源及附近的草中下毒，並嚴格命令全軍不可飲用河水。

當時正值盛夏，從寒冷地方來的金軍非常不能適應南方的氣候，加上征途遙遠，軍隊沒有充分休息，疲勞至極。

不久，水土不服的金兵飲用了有毒的河水，軍馬吃了被下毒的草，兵馬紛紛中毒，軍隊情況變得更糟。

反觀，宋軍將士則輪流休息，精力充沛。

劉錡針對金軍的弱點，故意不在早上氣溫較低的時候作戰，總是等到烈日炎炎，金軍將士難耐炎熱精神倦怠時，才派出將士攻擊對方陣營。

「不要作聲，只要斬殺敵人就好。」劉錡每次這樣命令後，就讓宋軍離城出擊金軍。宋軍一接近金軍，就立刻揮舞武器，見敵便殺。

本來就很疲倦的金軍，經過宋軍多次衝殺，軍容混亂，喪失戰鬥能力，最後只好鎩羽而歸。

如果敵人具有壓倒性的優勢，那麼對戰之前就要設下圈套來削弱對方的戰鬥力，這是在商場競爭中非常重要的一環。

許多人總是認爲堂堂正正地決勝負是才是正當的行徑，至於設下圈套打擊敵人是卑劣的手段。但是，在慘烈的商業競爭中，只要不違法，無論使用什麼樣的招數取勝都被視爲是理所當然的。

例如，在亞洲金融風暴爆發之時，由美國人投資的銀行就趁著這波不景氣蹂躪東南亞金融界，從中賺取暴利。

因此，爲了不被對手蹂躪，一定要採取一些保護自己的措施，也許有人會認爲某些手段並不正當，但對於企業的未來而言，這卻是必須的。

靈活調度，才不會受到牽制

公司在進行職務分配的時候，必須去考慮是否有其他人員可以替代，避免員工跳槽或臨時有事，卻找不到人遞補的情況。

《孫子兵法．軍形篇》說：「善攻者，動於九天之上，故能自保而全勝也。」九天，指天空的最高處，這句話的意思是說，善於用兵的人莫測高深，沒有一定的行事軌跡可循，使敵人無法揣度，因而能夠自保而且得勝。企業的經營管理也應當如此，不要拘泥於固定的法則與規範。

隋煬帝即位之時，漢王起兵叛亂，地方長官李景連忙率軍隊前往鎮壓，卻被漢王的部將喬鍾葵包圍。

因此，隋煬帝命令楊義臣火速率軍前往援救李景。

喬鍾葵得知楊義臣匆促出師，部隊兵馬不多，便率領大軍進行攻擊。楊義臣因此陷入苦戰，許多部隊陸續被攻破。

楊義臣退無可退，便命令士兵將軍中的數千頭牛全都集中起來。然後，發給數千士兵每人一個鼓，並命令他們將牛帶到山谷間隱藏起來。

等到黃昏，楊義臣冷不防對喬鍾葵部隊發動攻擊，同時，命令隱藏於山谷間的士兵將牛趕出，突襲敵人。

山谷方向忽然鼓聲大作，加上牛隻疾奔，沙塵漫天飛揚，不知實情的喬鍾葵部隊，都以為敵人的大軍出現，一個個爭先恐後地逃跑。

楊義臣見狀便命令部下立刻追擊，將喬鍾葵部隊徹底擊破。

許多管理學家都認為，企業資源中最重要的當推公司職員，為什麼？

因爲，公司職員必須經過一定時期的培訓才能熟悉公司業務，能不經由訓練，馬上可以進入狀況的人才十分稀少。因此，公司在進行職務分配的時候，必須考慮是否有其他人員可以替代，避免員工跳槽或臨時有事卻找不到人遞補的情況。

若能好好地實施職務分配，就可減少公司的消耗，有時還可以彌補人員的不足。例如，最近許多大企業紛紛採用的業務外包，就是爲彌補自己公司職員不足，而將一部分事務委託其他專業公司辦理。

若能好好地利用這個方式，將不重要的事務委外辦理，就能將公司內部職員集中到重要的事務上，不僅減輕公司職員的工作負荷量，不必爲了繁瑣的小事忙得焦頭爛額，還可以讓職員將所有的精力集中在處理重要業務上。這樣一來，企業的工作效率就能大大的提升。

狗急跳牆，會發揮意想不到的力量

正所謂「狗急跳牆」，被逼急的人往往能發揮出意想不到的力量，項羽的「破釜沈舟」，韓信的「背水一戰」，都說明了這種現象。

《孫子兵法．九地篇》說：「投之無所往，死且不北，死焉不得，士人盡力。」

這句話是說，當士兵陷入險地，要逃卻無處可逃，要補給卻一時之間無法辦到，為了要求生存，將士就只能拚死一戰了。

人在被逼到絕境時的爆發力是很強大的，若能善用這種「破釜沈舟」的力量，就可以輕易地獲得勝利。

楚漢爭霸時期，韓信率漢軍攻入趙國，背河佈陣。

趙國將軍見此，嘲笑道：「漢軍竟然將自己的退路切斷，看來韓信也是個愚蠢的人。」因自己擁有的兵力爲漢軍的數倍，不禁看輕漢軍，認爲自己一定能取勝。

不久，韓信下令對趙國都城發動攻勢，但是兩軍才剛交鋒，漢軍便故意敗走，逃回陣地。

趙軍認爲這是將漢軍一舉擊破的好時機，便舉軍追擊。但是，據守陣地的漢軍士兵全員拚死抗戰，趙軍出乎意料地陷入苦戰。

此刻，韓信命令一隊人馬趁敵人出城攻擊守備薄弱時，佔領趙國都城。

陷入苦戰的趙軍見情勢不利，決定暫且收兵，然而，回城一看，才知都城已被漢軍佔領，大驚之餘全員慌亂起來。

見趙軍陣形混亂，漢軍乘勢攻擊，最後趙軍敗亡，趙王被俘。

戰後，漢軍將士詢問爲什麼在背水一戰的情況下能夠獲勝，韓信回答：「人若還有後路，就會在關鍵時刻臨陣脫逃。但是，如果沒有退路了，就只能拚死作戰以求生存，所以我們能夠得勝。」

正所謂「狗急跳牆」，被逼急的人往往能發揮出意想不到的力量，項羽的「破釜沈舟」，韓信的「背水一戰」，都說明了這種現象。

因此，許多領導者爲了使部屬的營業成績進步，經常會說：「如果銷售額再沒辦法成長，就要將你解僱。」用這種方式來逼迫對方。

此外，爲了使自己能夠完全發揮潛在的能力，也有不少人常常採用這類逼迫自己挑戰困難的方法，例如故意在大家面前宣佈自己要做的事，將自己逼上無退路的境地，不得不拚命奮鬥。

必須注意的是，若將他人逼得過緊，反而會招致反抗。所以，若是想要用這種方式，最好還是用在自己身上。

對手放鬆注意，正是攻擊的時機

對方放鬆注意之時，正是從對方手裡奪取東西的大好時機。若能趁著敵人疏忽，奪取對方的版圖及市場，必定比平時省時省力。

《孫子兵法．虛實篇》說：「攻而必取者，攻其所不守也。」

這句話的意思是，攻擊而能夠輕易取勝，是因爲攻擊敵人的弱點。

以下故事裡的徐庶，就是因爲看到對方的弱點，並且把握良機進攻，才能夠輕易幫劉備打下一座城池。

東漢末年，劉備駐軍於新野，守衛樊城的曹營大將曹仁派兩名部將率軍攻擊劉備，但是，兩人卻敗戰而歸。

曹仁大怒，決定自己領軍攻打新野，這時部下李典勸告他說：「若是全軍出擊，樊城將處於危險之中。」

但是，曹仁對李典的建議充耳不聞。

另一方面，劉備的參謀徐庶得知曹仁傾全軍出擊，便對劉備說：「曹仁全軍出動，樊城的防守必定薄弱。因此，我們若趁此良機，撥五百精兵給關羽，讓他襲擊樊城，即可將其佔領。」

劉備聽從徐庶的建議，派關羽攻打樊城。

曹仁軍隊在新野與劉備部將趙雲所率軍隊交戰，仍然不敵，節節敗退。

李典見狀便對曹仁說：「我擔心樊城，還是回防吧。」

然而，此時樊城已被關羽佔領。曹仁大軍從新野撤回，卻不得其門而入，不得不帶著失敗逃回許昌。

對方放鬆注意之時，正是從對方手裡奪取東西的大好時機。若能趁著敵人疏忽，奪取對方的版圖及市場，必定比平時省時省力。

有些經營者總是不斷地開設分店，認爲增加分店數量可以擴大公司規模，象徵著公司的發展成果，卻沒有想到急速擴展分店會衍生出許多問題。

另外，還有些經營者自詡爲點子大王，一聽說什麼事業現在最賺錢，就馬上加入這個行業，但是，事業的經營尚未穩定，就插手新的事業，重複做著將原事業放棄的循環，結果將是沒有一個事業能夠步上軌道的。

如果什麼事都想插一手，就沒辦法面面俱到。因此，見到競爭對手急速擴大事業版圖，心裡不必焦急，也不必硬要跟上對方的腳步，而是要找出對方的弱點發動攻擊。伴隨著事業擴大，對方一定會出現一些無法顧及的地方，若能把握住這個機會，取得對方的市場，便能取得勝利。

懂得犧牲才能獲勝

戰爭是嚴峻的，為了取勝，有時候必要的犧牲是不可少的，為了挽回劣勢，總難免要採取犧牲一些事物的做法。

《孫子兵法．兵勢篇》說：「是故善戰者，其勢險，其節短。」

意思是說，真正善於用兵的人，能營造出讓敵人陷入險境的強大之勢，利用情勢的節奏，很快地打敗敵人。

西晉末期，李雄於蜀地稱王，西晉的官員羅尚命令部下攻打李雄。

李雄知道消息後，決定僱用當地居民朴泰，合力演出苦肉計欺騙羅尚。李雄用鞭子將朴泰打得血肉模糊，然後讓成了血人的朴泰到羅尚那裡哭訴：「李雄這樣對我，我心有不甘，想要報仇，請幫助我。」

羅尙見朴泰全身上下沾滿血跡，相信他是眞心來降，便決定用朴泰作領路人攻打李雄。就這樣，羅尙親自率領主力部隊向蜀城出陣。

李雄見計策成功，便設下伏兵埋潛於城外，等待羅尙的軍隊自投羅網。

當日深夜，朴泰帶領羅尙的精銳部隊潛入城內，但是一進城，就被等待已久的伏兵迎面痛擊，全部被擊滅。

接著，李雄的軍隊從城內和城外同時夾擊守在城外的羅尙軍隊，羅尙來不及反應這個變故，被殺得潰師大敗。

戰爭是嚴峻的，爲了取勝，有時候必要的犧牲是不可少的，爲了挽回劣勢，總難免要採取犧牲一些事物的做法。

企業方面也是如此，不勇於犧牲，就無法獲得輝煌成果。例如日本的大和運輸開始拓展宅急便事業時，利用這項服務的客人不多，收入和成本沒辦法平衡，使得大和運輸的社長十分苦惱。

爲了要推廣這項業務，當時的經營團隊決定犧牲利潤，盡可能增加服務內容。這個犧牲果然獲得大家的肯定，因此大和運輸得以發展到現在的龐大規模。

除此之外，我們也經常見到許多政客被揭發收受賄賂、利益輸送等醜聞時，也會犧牲身邊的親信來保全自己的政治地位。

政客爲了規避法律責任和輿論壓力而斷尾求生的事情並不少見，當然他們也懂得對犧牲者做些補償，以免後患無窮。

打擊對手不知該防備的地方

想要在商業競爭中取勝，最重要的是有長遠的眼光，能夠發現同業看不到的策略，相信自己的看法，把握時機努力實行。

《孫子兵法．虛實篇》說：「善攻者，敵不知其所守。」

這句話強調，擅長攻擊的人可以使敵人不知該如何防守，趁機攻打敵人不知要防備的地方，因而取得優勢。

戰國時代，魏國攻打趙國，趙國首都被魏軍圍攻，只得向齊國求援。

於是，齊國派將軍田忌率軍救援。田忌想將軍隊開往趙國，與魏軍正面決戰，軍師孫臏說：「想要解開繩上的結，一味地拉扯是不行的；想要勸架，卻和雙方一起加入打架的行列也是行不通的。正確的方式是針對對方的弱點進攻，削弱對方的勢力，才能使事情順利進行。現在，魏國正全力攻趙，精兵全都在國外，國內只剩一些老弱殘兵。因此，若突襲魏國首都，魏軍必將慌忙趕回魏國。這樣不僅可阻止魏國對趙國發動攻擊，又可使魏軍疲憊，這才可謂一舉二得。」

田忌聽從孫臏的建議，命軍隊轉向魏國首都。

魏軍原本聽說齊軍準備前來救援趙國了，正在為迎擊做準備，沒想到齊軍卻轉向魏國首都，得知消息之後，魏軍趕忙回去救援。

齊軍攻擊魏軍大後方，背對求援的趙國向魏國進軍，取得重大的勝利。這就是攻擊敵人意想不到的地方，取得最大的勝利的最佳實例。

剛開始賣錄影帶播放器時，VHS與Beta兩種規格爭奪標準規格的寶座。當時，新力研發的Beta體積小、畫質高，在這場競爭中佔了很大的優勢。

然而，VHS開發業者爲了東山再起，便將技術無償提供給其他公司。此舉使得許多工廠都加入製造VHS錄影帶播放器的行列，因此VHS在市場上流通量變大，價格也因爲衆多廠商加入生產而降低，自然而然地成了錄影帶播放器的標準規格。

當新力公司發現情勢不對時，已經來不及挽救整個市場的頹勢，不管Beta的品質再怎麼好，始終無法成爲市場主流。

Beta的開發業者新力公司就因爲晚人一步，而喪失了推廣自己產品的時機，在這場商業競爭中敗退。

從這個例子我們知道，想要在商業競爭中取勝，最重要的是有長遠的眼光，能夠發現同業看不到的策略，相信自己的看法，把握時機努力實行。

緊迫盯人不如以退為進

為了達到目的，不顧一切地緊追在後，往往得不到想要的成效，這時不妨以退為進，反而是一種有效的手段。

《孫子兵法．兵勢篇》說：「故善動敵者，形之，敵必從之。」

「動敵」在這裡指影響敵人，也就是運用各種方式引誘敵人上當，使敵人依照自己預定的方向行進。

以退爲進，是影響對手，使對手放鬆防備的最好方式。

隋朝時，烏蠻族反叛，朝廷派出周法尙前去討伐。

周法尙的軍隊一到當地，烏蠻族就放棄已佔領的城，逃散到山中去了。

周法尚無法抓住烏蠻族人，只得派使者前去與烏蠻族人談判，然後爲了表達善意，做出撤軍的樣子。

周法尚軍命令軍隊後退二十里左右，在那裡紮營，然後秘密派遣部隊偵察烏蠻族的動靜。

不久，偵察部隊就發現烏蠻族又集中到城塞裡，大肆慶祝平安無事。

周法尚聽了報告，便親自挑選了一千人，襲擊烏蠻族的城塞。由於沒有防備，烏蠻族的首領措手不及，旋即被俘了。

爲了達到目的而不顧一切地緊追在後，往往得不到想要的成效，這時以退爲進反而是一種有效的手段。

身爲服飾店的店員，只要看到有顧客將衣服拿起，就要馬上對顧客說：「這是非常不錯的衣服，很適合您。」並且以類似的推銷技巧，向顧客兜售。

但是，如果店員亦步亦趨地跟著客人，顧客就會有被強迫或被監視的不自在感覺，而顯得興趣索然。

因此，顧客在挑選商品時，要讓他慢慢地挑選，遠遠地留意客人的表情。要是看到對方面露猶豫之色，就要若無其事地走上前去打聲招呼，以沒有壓迫感的方式，親切地出主意給對方參考，這樣比較容易提高銷售量。

又例如，在處理飆車問題時，若是警方集結警力大肆追趕成群結隊的飆車族，對方一定會一哄而散。

這時，警察就要假裝放棄追捕，不動聲色地設下圈套，這樣一來，飆車族們看到警察離開，便會因爲鬆懈再度群聚飆車，就容易逮捕了。

用對手的人才增強自己的戰力

無論是軍隊還是企業，可以使用的人力、物力、財力等經營資源都十分有限，若是資源能夠增加，就可以在眾多對手中脫穎而出。

《孫子兵法．作戰篇》說：「因糧於敵。」

這句話是說，最好的補給方式就是在敵國就地取得糧食。除了食物以外，打仗所需的資源也要儘量從對手那裡取得，用對手的兵器來攻打對手，用敵人的糧食使軍隊飽食。

東漢末年，曹操率領百萬雄師大舉南侵，並在長江岸邊訓練水師、大造船艦，準備，進攻吳國。周瑜則率領吳軍在長江上與曹操大軍對峙。

這時，周瑜命令盟軍使者諸葛亮在十天之內備好十萬枝箭，在場的人都認爲周瑜在爲難他，但諸葛亮並不在意，一口就答應了。

後來，孔明請魯肅幫忙準備了四十艘小船，並且將僞裝好的稻草人堆在船上，上面蓋上蓆布。

在最後期限的夜裡，濃霧瀰漫。諸葛孔明和魯肅乘上準備好的船隻，朝曹操築於岸邊的陣地駛去。就在接近曹操陣地時，諸葛孔明命令船上士兵敲響戰鼓，大聲叫喊，藉此虛張聲勢。

曹操聽到鼓聲震天，以爲吳軍夜襲。但是，當時濃霧瀰漫、視線不明，曹操不敢貿然出兵反擊，只好命士兵不斷地朝船艦上射箭。

直到太陽升起，濃霧散去之後，諸葛孔明命船上士兵齊聲高謝曹操賜箭，曹操才知道自己中了計。

曹操雖然生氣，但是巨大的船艦無論如何都趕不上輕快的小艇，只得放棄追趕對方。此時，船上已積滿了無數的箭，總計共獲得十萬多枝。

周瑜佩服諸葛亮之聰明才智，這才不再輕視他。

無論是軍隊還是企業，可以使用的人力、物力、財力等經營資源都十分有限，若是資源能夠增加，就可以在眾多對手中脫穎而出。

就實力消長而言，如果能從競爭對手那奪得資源，既可增加自己的資源，又可減少對方的籌碼，真可謂一石二鳥。

基於這樣的心理，企業之間彼此挖角的風氣也逐漸盛行。在這股潮流中，甚至還出現專門從事挖角工作的獵人頭公司，目前這種類型的公司正以穩定的速度增加，由此可以看出各大企業對這種尋求人才方式的依賴。

雖然挖角其他公司的優秀人才，必須花費高額經費，但能獲得優秀的人才，對公司來說，仍是相當值得的開銷。若能從競爭對手那裡挖到重要的核心人才的話，還可以降低對方的經營能力，增加自己公司的戰力，一舉兩得。

PART. 11

運用慣性製造對手的惰性

慣性會造成惰性，進而降低緊急應變的能力，因此，讓敵人形成某種「習慣」，也是促使敵人犯下錯誤的手段。

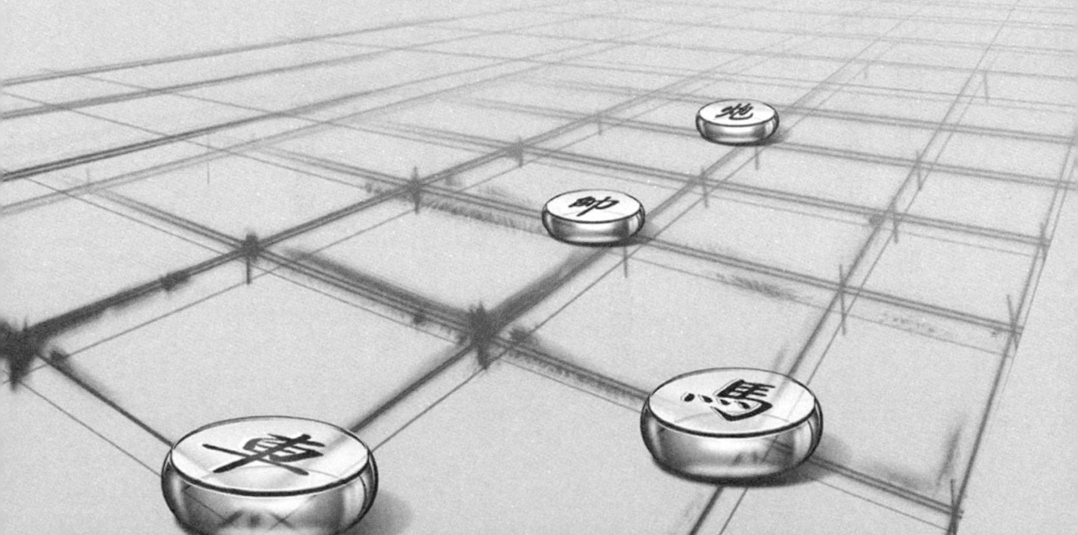

運用慣性製造對手的惰性

慣性會造成惰性，進而降低緊急應變的能力，因此，讓敵人形成某種「習慣」，也是促使敵人犯下錯誤的手段。

《孫子兵法．軍形篇》說：「昔之善戰者，先為不可勝，以待敵之可勝。」

在人生戰場上鬥智鬥力，必定要先讓自己立於不敗之地，接下來便是設法使敵人疏忽，或是找出敵人的漏洞，針對這些弱點加以攻擊。

隋文帝楊堅統一北方之後，命將軍賀若弼平定南方的陳國。

賀若弼才剛屯駐淮南，就命令在河畔守衛的部隊交班時一定要集中於廣陵。

另一方面，陳國看到廣陵原野一時聚集了許多軍旗，以為隋軍要大舉進攻了，

於是急忙召集國中的軍隊準備應戰。

過了許久，陳國發現對方並無攻打之意，偵察之後才知道那只不過是交班時的集合而已，集合之後就馬上解散了。

此後，隋軍河畔守衛隊伍集結情況不斷重演，許多次之後，陳國的軍隊便習以爲常，不再警戒了。

賀若弼見時機成熟，隨即率大軍渡河，陳國軍隊卻依然認爲對方不會攻打過來，完全沒有防備，不久就因爲鬆懈而滅亡了。

人會執著地相信，只要有物體靠近，雷達一定會顯示，從沒想過機器也會有損壞的時候。因爲相信雷達一定不會出差錯，一旦不明物體靠近自己而雷達卻沒有顯示時，人們通常會疏於防備，這樣的錯誤稱爲慣性錯誤。

在鬥智鬥力的競賽和戰爭中，若我方犯下慣性錯誤，可能會造成無法挽回的後果。相對的，如果是敵方犯下這種錯誤，就有利於我方取勝，因此我們應該把握各種機會促使對方犯錯。

這類錯誤通常發生在習以爲常的事情上。慣性會造成惰性，進而降低緊急應變的能力，因此，像賀若弼那樣重複做出相同的動作，讓敵人形成某種「習慣」，也是促使敵人犯下錯誤的手段。

例如，在談判時應該適時向對手提出：「能聽我講點話嗎？」這樣的小要求，對手通常都會不以爲意地接受。只要你不斷重複這些要求，對手就會慢慢習慣，覺得沒什麼大不了而接受你的要求，最後一定會在不知不覺中連大要求也一併接納了。

釋出善意，瓦解對方的敵意

即便只是裝出來的態度，只要向對方釋出善意，對方也將友好以對。這樣的話，談判就能順利進行，掌控權就操控在自己手中。

《孫子兵法・兵勢篇》說：「以利動之，以卒待之。」

這句話的意思是，讓敵人貪圖利益而來，我方則以大軍相待伺機而動。

俗話說：「伸手不打笑臉人」，在商場上面對難纏的對手更要這樣，如果雙方都能從良性互動得到利益自然是最好，倘若不行，也要讓對方覺得其中有利可圖，然後乘機發動突擊。

唐代初期，突厥吉利可汗被唐朝名將李靖打敗，於是據守鐵山，派遣使者向唐太宗謝罪，表示願意臣服唐朝。

唐太宗李世民允許，並派遣使者表達友好之意。

此時，李靖對副將張公謹說：「陛下的使者來了，敵人必定會放鬆警惕，若趁此良機發動突襲，就能將敵人根除。」

張公謹說：「陛下已經同意他們投降了，我朝的使者也到了那兒。要是發動攻擊，使者的生命安全該怎麼辦？」

「機不可失，為了根除國家的威脅，使者的性命不足為惜。」說完，李靖就調動士兵，快速進軍攻打突厥。

另一方面，吉利可汗因大唐派出的使者到來，認為自己已經投降，唐軍不會再來攻打了，因而放鬆警戒。誰知，李靖竟然率騎兵部隊襲來，吉利可汗的軍隊旋即被攻滅，吉利可汗也在這場戰役中兵敗身亡。

談判時，使對方感覺到我方的善意，就能使談判順利進展。因為如果你向對方示好，對方也將對我方抱持善意。

利用這個心理，即便只是裝出來的態度，只要向對方釋出善意，對方也將友好以對。這樣的話，談判就能順利進行，掌控權就操控在自己手中。

無論對方態度有多強硬，如果我方像唐朝一樣擺出友好的態度面對，對方也會慢慢地把態度放軟。要是能夠達到這個目標，對方接受我方的要求的可能性也會大大提高，至於要不要像李靖一樣發動突襲，則視實際狀況而定。

想使對方軟化，瓦解對方的心防，首先應友好地與其相處，才有機會。

擾亂對手的行事節奏

無論多麼優秀的組織，混亂時一定無法充分發揮應有的能力，因此，即使對方是強敵，若能使對方自亂陣腳，我們就可以輕易取勝。

《孫子兵法．虛實篇》說：「勝可為也。敵雖眾，可使無鬥。」

這段話強調，想要成功，就不能光靠運氣；勝利可以由自己打造，敵人兵員雖然眾多，也可以使他們無法發揮戰鬥力。

而在鬥智鬥力過程中，要使敵人無法戰鬥的方式，就是透過戰術運用擾亂他們，讓他們手足無措。

東漢初期，大將軍馮異指揮東漢軍隊與赤眉軍決戰。

赤眉軍大多數是由生活過不下去的農民組成，爲了識別敵我，而將眉毛染紅。於是，馮異在決戰前命令部份精銳部隊身穿和赤眉軍一樣的服裝，將眉毛染成紅色，作爲伏兵，隱藏於決戰點附近。

翌日雙方開戰，一萬名赤眉軍從正面攻擊東漢軍隊，但是胸有成竹的馮異只出動少量士兵迎擊赤眉軍。

赤眉軍見東漢軍隊兵力甚少，便全力攻擊。馮異見狀便命士兵時跑時迎，設法消耗赤眉軍的體力。

到了日暮時分，赤眉軍感到疲備，馮異一聲令下，伏兵盡出。伏兵與赤眉軍裝扮相同，赤眉軍士兵無法分清敵我，因而陷入恐慌。馮異便乘機展開攻勢，擊破赤眉軍，擒得許多俘虜。

無論多麼優秀的組織，混亂之時一定無法充分發揮出應有的能力，因此，即使

對方是強敵，若能使對方自亂陣腳，我們就可以輕易取勝。

在商場上，擾亂對手的方法有很多，使對手迷惑、慌亂就是其中之一。例如，原本提供甲公司融資的銀行，突然決定要和甲公司終止合作，此舉將使甲公司陷入混亂，然後銀行便能夠趁機奪取經營權。

做出使對手迷惑的事，擾亂對方的行事節奏，我方就掌握了主導權。只要掌握了主導權，無論怎樣的戰爭、競賽或談判，都能依照自己的希望進行。

只是，必須注意這種手段的運用時機，必須在關鍵時刻才使用，若老是重複這樣的方式，就會失去商譽和信用。

轉移對手的注意力，才能達成目的

要欺瞞對方，就要施放煙幕，欺騙對方。有時則先使用誘餌，分散對方的注意力，趁機會在別處實現真正的目的。

《孫子兵法．軍爭篇》說：「故兵以詐立，以利動，以分合為變者也。」

戰術是在詭詐的基礎上執行的，要影響敵人，可以用利益來誘惑，至於將自己的主力時分時合則可以用來擾亂對手的思慮，讓對方產生疑惑。

漢朝草創時期，魏王豹叛亂，漢高祖劉邦命將軍韓信率兵前往討伐。

另一方面，魏王豹則任命柏直為大將，率軍迎擊韓信。柏直為了阻止漢軍渡過黃河，便於渡河處築陣，做好萬全準備，等待漢軍。

在這種狀況下，要渡過黃河攻打魏國是很困難的。於是，韓信在敵陣對岸排列許多船艦，製造出想要渡越黃河的假象。

趁敵人全力備戰，注意力全放在前方的時候，韓信率軍前往上游，用木筏渡過黃河，旋即直襲魏國首都。

突然遭到韓信襲擊的魏軍未能搶得先機，因而潰師大敗。

克雷洛夫曾說：「沒有智慧的蠻力，是沒有什麼會價值的。」

因爲可以用「蠻力」解決的事情，通常也可以用「謀略」解決，但是，可以用「謀略」解決的問題，就不一定可以用「蠻力」解決。

因此，如果你想克敵制勝，就要懂得鬥智不鬥力，千萬不要一味以「蠻力」解決，而要像韓信一樣運用「謀略」輕鬆解決。

「原以爲敵軍不會攻打自己，卻突然進攻」，「原以爲競爭對手不會開發新技術，卻不知何時就開發出來了」，懂得透過戰術運用欺瞞對手，不僅會讓對手措手不及，更能讓我方處於優勢。

要欺瞞對方，就要施放煙幕，欺騙對方。有時則先使用誘餌，分散對方的注意力，趁機會在別處實現眞正的目的。

使用誘惑物作戰的方法，可說司空見慣。

例如，人們經常會因很多人聚集而感到好奇：「有什麼好玩的呢？」並去看個究竟，因此，商店在舉辦活動時，常會請來知名藝人聚集人群，或是找來一群職業顧客，用人群來吸引顧客。

硬碰硬不一定能大獲全勝

有時候稍微轉個彎，就可以很輕易地把事情解決，作戰的時候，並不能只顧著正面攻擊敵人，有時佯裝不敵也會十分有效。

《孫子兵法．軍爭篇》說：「知迂直之計者勝。」

孫子在闡述這段話時強調，能以詐誘敵，以兵勢的分合取勝的軍隊，所發揮的強大威力可抵十萬大軍。

硬碰硬的決戰模式不一定能大獲全勝，有時採取迂迴戰術，稍微轉個彎，就可以很輕易地把棘手的事情解決。

唐代中期，安祿山起兵叛亂，唐朝中興名將郭子儀率軍隊前往討伐，在一次對

戰時包圍了敵人的據點。

安祿山之子安慶緒得知消息，唯恐戰況不利，立刻編整援軍前往救援。

郭子儀出陣迎擊之前，先調派了三千名弓箭手，讓他們隱於防壁下，命令道：「如果我們詐敗撤退，敵人必定爭先恐後追擊。到時候，你們就登上防壁，聽到鼓聲一響，就一齊射箭攻擊。」

戰鬥開始過沒多久，郭子儀就假裝敗退，安慶緒的軍隊果然如郭子儀預料那般乘勢追擊，直逼陣地而來。

此時，唐軍陣營突然響起震耳的鼓聲，弓箭手的弩箭一齊飛出，箭如雨下，安慶緒軍隊大亂，慌忙逃跑。

郭子儀見敵軍陣不成陣，便整軍追擊，安慶緒損傷慘重，鎩羽而歸。

郭子儀漂亮地打了一場大勝仗，說明了作戰的時候，並不能只顧著正面攻擊敵

人，有時佯裝不敵也會十分有效。

鬥智鬥力的競爭，有時就像是力士相撲，當對方猛力攻來，不要只想著正面還擊，如果能就對方的攻勢，虛擋一陣倏然後退的話，便可以讓對方來不及收勢而摔倒，這招叫「曳倒」。

在日常生活也一樣，當我們在思考新的計劃，無論如何都想不出來，或者想盡辦法要解決問題，卻還是達不到心中的理想，就要讓自己暫時從問題中抽離。

去洗個澡，散散步，接觸一下不一樣的視野，讓腦筋轉換一下，或許一個嶄新的計劃或想法就會這樣忽然冒出來。

即使沒有勝算，也要不慌不亂

若無勝算，能夠全身而退、保全實力，也算是一種勝利。因此，即便狀況再緊急，撤退時也要保持不慌不亂。

《孫子兵法．謀攻篇》說：「少則能逃之。」

「不論如何，都要戰到一兵一卒」，這樣的行徑不過是逞匹夫之勇罷了。孫子認爲，一旦敵不過對方，那麼「逃」也無妨。

不過，「逃」的時候不能逃得驚慌失措，而要井然有序的撤退，此外，還要逃得有技巧，逃得令人拍案叫絕。

宋代之時，宋軍將領畢再遇與前來攻擊的金軍對峙。

但是，金軍後援不斷到達，一日比一日強大，若持續下去，雙方兵力差距太大，無論如何也無法取勝，因此畢再遇便決定放棄陣地退兵。

雖然決定要退兵，但畢再遇知道，萬一撤退過程出現閃失，非但自己的軍隊大亂，也會招來金兵從後追擊。於是，他下令軍旗仍舊立在陣地上，並將羊綁住，讓羊的前腳踩在鼓皮上。如此一來，只要羊一動，鼓就響起來，可以達到欺敵效果。

安置了這個機關之後，畢再遇就率軍悄悄地撤退了。此時，金軍因宋軍陣地上仍然軍旗飄揚，不時傳來鼓聲，沒注意到宋軍的動向。等到金兵發現時，宋軍已經撤退到金兵無法追趕的地方。

就這樣，宋軍成功地平安逃脫了。

孫子兵法厚黑筆記

若無勝算，能夠全身而退、保全實力，也算是一種勝利。但是，撤退時背對敵人是很危險的，這會讓敵人乘勝追擊，而我方沒有防備的能力，因此，即便狀況再

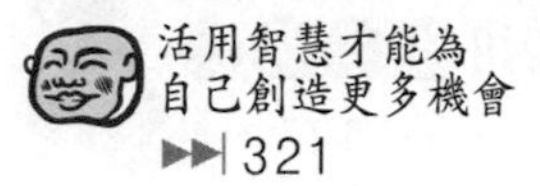

緊急，撤退時也要保持不慌不亂。

對企業來說，裁撤一個不符成本效益的部門是理所當然的。但是，關閉一個沒有利潤的工廠，可能會讓外界認爲：「那公司經營不善，只能關閉工廠了。」

若傳出這樣的負面消息，銀行就不敢再融資給這家公司，而企業一旦沒有資金奧援便不能正常運作，這對企業的營運來說是極爲危險的。

因此，想要精簡企業的規模時，應該提出穩當的經營策略，表示企業改革的決心。這樣做就能穩住投資者對這家公司的信心，並以正面的角度看待：「那個公司準備脫胎換骨了。」

即使是面臨企業重整而成爲話題公司，在縮小經營規模時，也要提出完美的經營改革計劃，只要大家認爲這家公司的計劃是確實可行的，就不會說「這家公司要倒閉了」，而會認爲「這家公司準備擴大」。

拋棄成見，創意就會源源不斷

不要拘泥於偏見，讓腦袋像白紙一樣，養成這樣的思慮習慣才會讓頭腦靈活，不會拘泥於自己的好惡來判斷事物的好壞。

《孫子兵法．虛實篇》說：「故形兵之極，至於無形。」

這句話強調用兵的最高境界，就是變幻莫測，沒有一定的形式。因此，有個靈活多變而又懂得創新的腦袋，是非常重要的。

可惜的是，人往往會因爲社會風氣、生長環境、價値觀念、意識型態……等等因素，而限制住自己的觀點。

南北朝時代，受梁武帝封爲河南王的侯景叛亂。高州刺史李遷仕見時局混亂，

頗想乘機獨立，便下令太守馮寶前往，打算收編他的領土和兵力。

馮寶想依照李遷仕指令行事，但其妻冼氏說：「李遷仕無緣無故喚你前去，是件奇怪的事。我認爲他想要反逆，如果你貿然去，一定會被拘留。請讓我代你前去，告訴他你病了無法前往，並獻上領土，這樣對方就會大意起來，容易擊敗。」

馮寶聽從妻子的勸告，答應由妻子前去，於是冼氏自己帶隨從千人，並且要部下各自將武器藏在行李中。

冼氏一到李遷仕的居城，立即表態擁護，並呈上馮寶的信給李遷仕：「我因病重無法動彈，故而派妻帶信前往，向您問候，並獻上領土，以響應起義。」

李遷仕讀完信，非常高興，盛大歡迎冼氏一行。然而，冼氏部下一入城，便取出武器，趁對方大意時發起攻擊，不一會兒就將其擊滅。

後來李遷仕敗走，冼氏控制該城後，便將城內士兵歸於自己的指揮下。

因爲是女人所以無能，因爲沒經驗所以不行，這樣偏見至今仍存在於許多組織。其實，許多優秀的女性就像故事中的洗氏，如果只是因爲偏見而不能讓她們自由地施展才能，企業就會讓許多人才平白溜走。

因此，企業經營者不要拘泥於成見，要讓腦袋像白紙一樣，不要讓先入爲主的觀念影響自己的決策，也不以喜惡判斷事物的好壞。養成這樣的思考習慣，才會對自己、對企業的成長有所幫助。

人們常有將喜歡的東西想得很好，將不喜歡的東西想得很壞的習慣，若能拋棄偏執的觀感，使頭腦有更大的包容空間，就不會拘泥於既有成見，進而跳出原有的思考框框，時常想出創新的主意。

營造假象就能嚇跑對手

只要能透過戰術運用製造假象，就算企業本來沒有那麼強大，也能讓對手感到畏懼，進而在商場上順利發展。

《孫子兵法‧虛實篇》說：「無形，則深間不能窺，智者不能謀。」

所謂的「無形」，強調的就是虛虛實實。儘管四周有間諜潛伏，也看不出我方的意圖，不論對手多會使用計謀，也會被自己愚弄，這就是「無形」的好處。

東漢時代，羌族大軍攻來，包圍了赤亭城。當時駐守赤亭城的武都太守虞詡，掌管的士兵只有三千人。

虞詡命令部下：「即便敵人接近，也別使用強弩，使用小弩即可。」

由於漢軍只用小弩，無法擊倒遠處的敵人，羌族首領心想：「看來漢軍也沒什麼大不了的。」便下令集中兵力大舉攻城。

看到羌族大軍發動攻勢，虞詡這才命令士兵用強弩回擊。羌族士兵不斷倒下，由於事出意外，羌族首領只好先行退兵。

翌日，虞詡命全軍集合於東門，下令從東門出城，在周邊巡邏之後從北門入城。接著，讓他們換上另一套軍服，從東門出城，巡邏後又從北門進入。

重複了多次之後，羌族以為城內有無數士兵，不禁恐懼起來。

另一方面，虞詡認為羌族必定會因此撤退，就在他們必經之路上埋伏了五百人。不久，羌族果然因為疑懼而退兵，接著碰上了盧詡的伏兵，由於摸不清漢軍的虛實，因而大敗潰逃。

評估雙方實力，就算正面迎戰沒有勝利的希望，若能使用計謀愚弄敵人，也可

以在戰爭中處於有利的地位。

以虛虛實實的計謀愚弄對方是中國兵法中常用的方法，就如我們在虞詡的故事裡所看到的一樣，一會兒示弱，一會兒顯強。

示弱的用意在於將對方誘出，顯強則是爲了嚇跑對方。

這樣的計謀也常運用在商場上。若某超市成功地給顧客便宜的印象，顧客就會聚集在這家超市；若某品牌成功地給競爭對手「這個品牌很強勢」的印象，那與其競爭的公司就會自動地避開，不去跟這個品牌競爭。

只要能透過戰術運用製造假象，就算企業本來沒有那麼強大，也能讓對手感到畏懼，進而在商場上順利發展。

PART. 12

示弱，是為了達成自己想要的效果

先示弱，趁對方疏忽大意時再發揮出實力，達到目的的方法，經常運用在商場上的交涉。示弱，是為了達成自己想要的效果。

示弱，是為了達成自己想要的效果

先示弱，趁對方疏忽大意時再發揮出實力，達到目的的方法，經常運用在商場上的交涉。示弱，是為了達成自己想要的效果。

《孫子兵法・虛實篇》說：「角之而知有餘與不足之處。」

未戰之前，先觀察敵人的兵形，甚至可以試探地打一場仗，觀察敵人「有餘之處」與「不足之處」，再來設計戰略，避實擊虛。

北周宰相楊堅執掌軍政大權後，大將尉遲迥抗拒不服，在河北發動政變，並派遣將士攻掠各地，河南幾乎全處於尉遲迥的支配之下。

為了掃平動亂，楊堅命將軍於仲文率領大軍，前往討伐尉遲迥。

於仲文剛到汴州，就遇上了尉遲迥的部下劉子昂、劉洛德兩隊人馬，雙方交戰後，於仲文將兩隊人馬擊破。

接著到了蓼陘，於仲文發現了尉遲迥的部下檀讓所率數萬人的大軍，由於對方兵馬眾多，於仲文故意敗，率兵撤退。

見此，檀讓傲慢起來，得意地說道：「他也什麼了不起。」便追擊於仲文。就在追擊之時，於仲文軍的精兵從左右襲擊，殺得尉遲迥潰不成軍。此次戰役，於仲文俘虜五千餘人。

與外界人士交涉時，若是表現出一副精明厲害的樣子，難免會讓對方覺得：「一個不小心，我就會吃虧。」

對方就會對特別警惕，交涉就很難順利進行。

但是，如果交手的對象是個看起來不怎麼精明的人，就不易受到對手特別注意，對方反倒免去這種擔憂。

因此，在交涉的場所，有的人會不小心把茶溢出，或交換名片時不小心把名片弄掉了，在這些小細節上故意出些差錯讓對方看。如此一來，對方就會放鬆警惕，雙方進行談判時，即可較順利地進行。

另外，需要去向對方道歉的場合，與其讓一個看來十分成熟的人去，倒不如讓一個較幼稚的人去，這樣能博得對方的同情，反而容易得到對方的諒解。

這種先示弱，趁對方疏忽大意時再發揮出實力，而達到眞實目的的方法，經常運用在商場上的交涉與談判。

示弱，是爲了達成自己想要的效果。只是，沒有眞正的實力的人，若表現出很多錯誤，恐怕就眞的得以錯誤告終了，這點應注意。

先分散對方注意，再迎頭痛擊

競爭之時若被對方看輕，並不是什麼丟臉的事，反而是絕無僅有的好機會，應該找出對方的缺點迎頭痛擊。

《孫子兵法．虛實篇》說：「故形人而我無形，則我專而敵分。」

這句話是說，讓敵軍現形，並且摸不清我方到底想做什麼，如果敵軍因而失去了行軍節奏，我方便能乘隙攻擊。這種謀略運用在商場上，除了要讓對方感到迷惑以外，最好還能讓對方掉以輕心；一旦對手鬆懈，要取勝便容易了。

東漢時代，班超前往西域，指揮諸國的軍隊攻打莎車國，而附近的龜茲國派遣了五萬人的援軍到莎車國。

班超召集部下將士和于闐諸國的國王，召開會議說：「現在，兵力太少，實在難以打贏。乾脆先行退兵吧！到了晚上，以鼓聲爲暗號，你們的軍隊往東撤，我往西撤。」會議結束後，班超故意放出這個消息。

龜茲國王從俘虜那得知班超的軍隊想要退兵，認爲這是可乘之機，就親自率領一萬騎兵在西面做好埋伏，等候襲擊班超的軍隊，並命令部下率八千騎兵於東面等候于闐諸國的軍隊。

而此刻，班超得知龜茲國的軍隊出擊，內部防備必定不足，便悄悄地召集于闐諸國國王，約定天亮之時，突襲莎車國軍隊的陣營。

莎車國軍隊突然遭到襲擊，一時間不及反應潰不成軍。最後，莎車國投降了，龜茲軍也撤退了。

不管進行什麼形態的比賽，若覺得對手「沒有什麼大不了」，就容易產生看輕

對方的心理，因而驕傲自大，這樣一來，就容易輕敵而疏忽大意。

從這個角度而言，競爭之時若被對方看輕，並不是什麼丟臉的事，反而是絕無僅有的好機會，應該找出對方的缺點迎頭痛擊。

例如，以前美國汽車製造商看輕日本，認爲日本不可能造出性能優良的汽車，就連日本車進入美國市場也不以爲然，只知致力於提高引擎馬力的競爭上。

這期間，日本製造商在「節省能源」的潮流中，努力從事低燃料汽車的開發與生產。結果，因石油危機和環境問題受到衆人的重視，低燃料車廣爲美國人接受，浪費燃料的美國車卻賣不出去了，從此日本汽車暢銷全美。

日本汽車製造商之所以能在美國市場上獲得龐大的利潤，正是因爲美國看輕日本車，而讓日本汽車製造商有了可乘之機。

對方輕敵，就是自己獲勝的良機

被競爭對手輕視，其實是個致勝良機。對方要小看我們，就隨他去吧。但在此時，我們更要紮實地儲備實力，贏得最後的勝利。

《孫子兵法．兵勢篇》說：「予之，敵必取之。」

這句話寓意是，想要施展誘敵戰術，就要設法讓敵人來拿取他想拿的東西，引誘他到我們埋伏好的地方。人在看到有利可圖或者可以輕易取勝的時候，往往會因爲疏忽而導致失敗。因此，若能抓住對手小看自己的心理，即便對手是強敵，也能抓住一些逆轉的機會。

戰國時代，魏國大將龐涓率軍進攻韓國，韓國向齊國求援。因此，齊國將軍田忌聘請孫臏當軍師，率齊軍出兵。

但是，魏國將軍龐涓預測到了齊軍的動向，立即命全軍追擊齊軍。孫臏見形勢不利，建議田忌先行退兵，田忌聽從他的勸言。

途中，孫臏對田忌說：「魏軍認爲齊軍將士都是膽小鬼。」

田忌聽孫臏這麼說，心中大爲不悅，便說：「什麼？那麼我們撤退的話，不就更被看作是膽小鬼嗎？」

「爲了取勝，就一定要忍耐，我們就利用敵人小看我們的心理吧。」

田忌覺得孫臏說的話有道理，便聽從孫臏的指示，每次紮營都減少爐灶的數量，第一天築灶十萬口，第二天五萬口，第三天口剩兩萬口。

龐涓見狀大喜，說道：「早知道齊軍是膽小鬼，但沒想到才第三天就有半數以上的士兵逃亡了。這樣一來，我軍就可以輕易取勝了。」

龐涓爲了早日追上齊軍，僅率輕騎急速向前。

到了傍晚，龐涓的輕騎部隊就追到馬陵道峽谷的入口。本來應先察看有無埋伏的，但龐涓看輕齊軍，沒在意就直接進入了。

就在這時，埋伏好的齊軍大舉進攻，由於退路被堵，龐涓戰死，魏軍敗亡。

眞正善於用兵作戰的將帥，總是保持清醒的頭腦，從不因爲對手的行動而迷惑，相反的，會讓自己的戰術變化無窮，使敵人難以捉摸。如果敵人不知道你的眞正意圖，那麼，只要略施小計，就能達成自己的目的。

日本著名的「忠臣藏」故事中，大石內藏助故意裝作沉溺於遊樂，讓一般百姓看不起，使得仇人吉良上野介大意起來，大石內藏助終於趁機報了仇。

所以，被競爭對手輕視，其實是個致勝的良機。對方要小看我們，就隨他去吧！但與此同時，我們不僅要紮實地儲備戰鬥實力，更要善用對方輕敵的心態，讓自己贏得最後的勝利。

充滿智慧，才能活用機會

「一匹狼率領的一百頭的羊，勝過一頭羊率領的一百匹狼。」這句話強調，擁有一名優秀領導者的組織，就會擁有不可輕視的力量。

《孫子兵法．九變篇》說：「是故智者之慮，必雜於利害。」

這句話的意思是說，有智慧的人觀看事情，一定會從利與害兩個角度來思考，知道該怎麼做才能獲得最高利益，而將損害降到最低。

下列故事中，孫策詐死誘敵，並在關鍵時刻打擊敵人的信心，無疑充分展現出一名領導者需要具備的智慧。

東漢末期，吳國名君孫策在一次作戰中，被敵方流箭射中左足落馬。周圍的部下立刻護送孫策回到陣地。

一回到陣地，孫策就說：「假裝我中箭死了，你們退兵，這樣的話，敵人一定會乘勝追擊。另外在一旁設置伏兵，這樣就可以抓住敵將。」

部下們覺得很有道理，便僞裝孫策已死，隨即對外發佈假消息，接著部隊撤離陣地，佯裝開始退兵。

另一方面，敵將聽說此事，立即舉軍追擊，攻入孫策的陣營。這時，埋伏在一旁部隊和誘敵的部隊一起夾擊，孫策也在陣前大喊：「孫策在此。」

敵軍見孫策未死，嚇破了膽，只得退兵。

「一匹狼率領的一百頭的羊，勝過一頭羊率領的一百匹狼。」這句話強調，擁有一名優秀領導者的組織，就會擁有不可輕視的力量。

所以，如果己方有優秀的領導者，敵人採取行動之時就會更加慎重，與這些慎重的敵人競爭一定會比較困難。

但是，如果適時製造一些假象，假裝優秀的領導者不在崗位上，敵人就會因放鬆戒心而輕易地挑戰。敵人的心態一旦變得輕率，行事就不會再步步爲營，這時候我們要取勝就容易多了。

無論什麼樣的組織，如果領導人無法在他的崗位上善盡本分，那組織免不了會出現混亂，一旦發生重大事件，必定會導致嚴重後果。

因此，平時就必須培養出可以接替的人選，即使領導人不在也能把事務處理好，這樣才能確保企業的營運順暢無礙。

低頭，是因為有所圖謀

有時先低頭也能得到莫大的利益，如果企業遇到客戶要求賠償時，誠實地認錯並賠禮道歉，信譽反而會提高。

《孫子兵法．行軍篇》說：「無約而請和者，謀也。」

沒有約定的求和，背後通常有所圖謀，但大部分的人通常不會留意，只要給予一個理由，對方就會信以爲眞。

三國時代，蜀國宰相諸葛孔明有次領軍攻打魏國，魏國將軍曹眞爲了阻止蜀軍攻勢，便親自率軍出擊。

此時，諸葛孔明的部下姜維突然向曹眞請降，並寫好求降書，送到曹眞那兒，信裡說：「我年邁的母親還在魏國，能讓我到魏國去嗎？」

曹眞見此信情意眞摯，不疑其中有詐，便命部下費耀率五千士兵出陣迎接姜維。蜀軍將士見姜維投降，群龍無首，不戰而逃。

翌日，諸葛孔明率領的部隊到達前線，魏軍聽從降將姜維的意見後退數里。就在此刻，對面山上燃起火來，濃煙往上冒，同時也響起了軍隊作戰時的吶喊。

於是，費耀急忙率軍撤出，匆忙趕到著火的地方，結果卻被埋伏在那裡的蜀軍大舉攻擊。這時，費耀才了解到自己中了圈套，慌忙逃出。但姜維早已率部隊等在他逃脫的路上，給予致命一擊，結果費耀兵敗自殺。

能判明敵軍的虛實和作戰意圖，研究地形的險易，計算路途的遠近，以奪取勝利，這都是主將應懂得的道理。運用這些道理作戰，必然會取得勝利；相反的，不懂得這些道理，那就必敗無疑了。

就像故事裡的姜維以眞摯的言詞請降，讓曹眞放下戒心一樣，常有人利用這種心理，假稱投降而取得成功。

在美國，人們常說先認錯的一方就輸了。這是因爲先認錯的話，就是承認是自己不對，就得由自己負賠償責任，這種觀念也在現代的社會中廣爲流傳。

但並不是死不認錯就一定有好處，有時先低頭也能得到莫大的利益。如果企業遇到客戶要求賠償時，誠實地認錯並賠禮道歉，信譽反而會提高，顧客也會因此更加信賴這個企業，提高這個企業的風評。

有時候，明明就是對方的錯，但是對方就是不肯承認。在這種狀況下，與其努力對抗，讓對方認錯，倒不如先暫時容忍，安撫對方，對方也會自知理虧而放下身段，這樣就能使事情進展得更順利。

要打擊對手，就要從「心」下手

人是會記取教訓的，因為在某件事情上吃了大虧，日後就完全不敢再去做這件事，所以我們可以利用這種心理，對付強大的對手。

《孫子兵法．軍爭篇》說：「以治待亂，以靜待譁，此治心者也。」

這段話強調，鬥智鬥力之時，應該以規律對混亂，以安靜對喧囂，如此一來，在心態上較為浮動的那一方就會立時屈居下風。

在下面故事中，北齊軍隊由於心態浮動，一受到攻擊，就失去分析戰況的能力，說明了要戰勝對方，或促使對方聽話，就要從「心」下手。

南北朝時代，梁國將軍陳霸先率主力部隊出征，命部下侯安都留守。

然而，如此一來城裡的防守就顯得薄弱，北齊國乘此機會命軍隊進駐石頭城，並讓游擊部隊攻至城下。

面對這個狀況，侯安都下令將城門緊閉後，命人放倒軍旗，並且對城內的將士命令道：「登上城牆者斬。」

侯安都用這種方式假裝城內沒有可戰之兵。

到了傍晚，北齊軍回到石頭城報告說：「敵人的防守十分薄弱。」

另一方面，侯安都於當晚，命令士兵整頓裝備，做好作戰的準備。

翌日早晨，北齊的軍隊果然來攻，此時，侯安都率領三百名全副武裝的士兵，打開東西的偏門出擊，對北齊軍發動猛攻。

原以為城內沒有士兵的北齊軍，在得意之時突遭意外襲擊，因而慘遭失敗，慌忙撤兵逃走。自此，北齊軍害怕埋伏，便不再試圖攻城。

人是會記取教訓的，因爲在某件事情上吃了大虧，日後就完全不敢再去做這件事，因此許多人會利用一些方式讓人記住教訓。

例如，在蒙古部落，爲了使小孩不被火爐燒傷，大人會特意把火爐加熱到有些燙，然後哄誘小孩觸碰火爐。有了燒痛的記憶，孩子就再也不會觸碰火爐了，這樣一來大人才能安心。

我們也可以利用這種心理，來對付強大的對手。

爲了守住自己的版圖、自己公司的市場，採取讓敵人受到慘痛教訓的做法是相當有效的。

就像故事中的侯安都，刻意顯出軟弱的樣子，誘使敵人上當，再盡全力地攻擊敵人，敵人會害怕再遇到意想不到的攻勢，就不敢再輕易地發起攻擊了。

這也就是爲什麼兵法家會強調攻擊就是最好的防禦。

根據處境決定要軟要硬

擺出強硬態度的時機是要由客觀的情況來判斷的。當對方實力遠勝於自己時，擺出謙遜的態度，反倒能使事情進展順利。

《孫子兵法．軍爭篇》說：「無邀正正之旗，勿擊堂堂之陣，此治變者也重。」

行軍作戰要有自知之明，不挑戰軍容盛大的軍隊，不攻擊實力強大的敵人，這是擅長權變的領導人應該謹記的原則。因爲，只知道用強硬的方式來面對強大敵人的人，不過是以卵擊石，徒增犧牲罷了。

唐代中期爆發安史之亂，唐玄宗狼狽逃到蜀地去避難；叛軍孫喜召集手下數千人，想要攻佔武都。

當地的長官呂燁只是一味慌張，對戰局根本沒有任何幫助。於是，當地居民馬行襲便號召鄉民自救，起兵打倒孫喜。

馬行襲讓義勇軍埋伏於河岸南邊，自己乘船去迎接孫喜。

一見到孫喜，馬行襲就向他行大禮，並提出請求說：「我們非常歡迎您來統治我們。但是，將軍如果帶著大隊人馬入城的話，百姓擔心會被搶劫，所以，將軍能否命令部隊在河岸南邊等待，只帶著隨身人員同去？而且，由我來帶路，可以讓百姓安心，這樣您就能順利掌理此地了。」

孫喜認爲有理，便決定按馬行襲的建議行事。

孫喜一渡江，埋伏的軍隊就衝出來了發動突擊，同時，在孫喜身旁的馬行襲立刻將他打倒，並且拔劍斬殺。

最後，孫喜一行全無生還，在河岸南面待命的軍隊也由於群龍無首而被攻退。

大多數人都認爲，交涉時態度強硬一些比較有利。

買東西的時候也一樣，如果讓對方看出你十分需要這項商品，就容易被賣主抓住你的弱點，無法把價格壓下來，反之，如果表現出「如果不算便宜一些的話就不買」的強硬態度，就有可能把價格壓低。

但是，擺出強硬的態度的時機是要由客觀的情況來判斷的。當對方實力遠勝於自己時，擺出謙遜的態度，反倒能使事情進展順利。

該低頭的時候，倘若態度仍十分強硬，就一定會招來反感。

使別人不悅，不僅得不到別人的協助，有時還會得罪對方而遭到對方的阻撓，這樣的話，成功之路就會困難重重。反之，若能對別人謙遜，就不會令人反感，反而能得到對方的幫助。

透過虛張聲勢來嚇跑對手

無論是戰爭還是商場競賽，隨機應變是很重要的，必要的時候，就必須虛張聲勢。這樣一來，敵人才可能會因為畏懼而退縮。

《孫子兵法．虛實篇》說：「水因地而制流，兵因敵而制勝。」孫子用水來比喻用兵之道的奧妙，是因爲水「存在」而「無形」，沒有固定形狀，就可以化爲千萬種形狀。爭戰時，也是這樣的，敵強我弱，不表示我方必敗，可以用計策嚇退敵人。

西漢時代，匈奴大軍來襲。負責守衛邊境的李廣，帶著一小隊騎兵外出偵察之時，不巧遇到匈奴大軍。

李廣的部下們頓時慌了，李廣卻鎮定說：「我們現在離營隊太遠，要是現在就逃跑的話，敵人一定會追上，而我們必然不敵。但只要咱們不慌張，悠哉地應對，敵人會以爲咱們只是誘餌，不會輕易出手。」

於是，李廣率所有的人員前進至匈奴軍近處，並命令下馬解除武裝。部下驚訝：「敵人擁有大軍，若在此解除武裝，不就等於羊入虎口？」

李廣回答道：「敵人以爲我們會逃跑，這時我們要裝出不打算逃跑的樣子。」

這時，匈奴軍的幾個騎兵靠近了。

李廣立即跨上馬，帶幾個部下迎擊，再用弓箭射殺敵人，而且，衝殺之後，還當沒事一樣臥睡於地。

匈奴軍覺得很奇怪，但猜不透敵人的想法，又不敢發動攻擊，當晚就撤軍了。

無論是戰爭還是商場競賽，隨機應變是很重要的，必要的時候，就必須顯得強

大，虛張聲勢。這樣一來，敵人可能會因爲畏懼而最後退縮。

舉例來說，夜晚走在街上，想要幫助被流氓纏上的人，雖然附近並沒有警察，也可以裝成有警察在場，大聲叫道：「警察先生，在這兒，請快過來。」如此一來，或許可以把流氓嚇跑。

另外，交涉的場合也可以應用虛張聲勢的手段，裝出與有力者關係良好的樣子，這樣就能使交涉朝有利於我方發展。

面對危險，千萬不能害怕退縮，反而更應該虛張聲勢，在精神上壓倒對方，這樣我們才有機會「不戰而屈人之兵」。

PART. 13

用謀略讓對手 知難而退

我們對於欺敵的謀略要仔細的規劃。什麼時候，什麼事情可以欺瞞對手，都要了然於心，並且確實了解欺瞞對手的後果。

用謀略讓對手知難而退

我們對於欺敵的謀略要仔細的規劃。什麼時候，什麼事情可以欺瞞對手，都要了然於心，並且確實了解欺瞞對手的後果。

《孫子兵法．虛實篇》說：「乘其所之也。」

這句話的要義是，因爲身處劣勢而不想開戰的時候，就必須用計謀欺騙對方，讓敵人認爲不能打，自己引兵而退。

三國時代，魏國開國皇帝曹丕侵略吳國，軍隊進駐廣陵。面對魏國強大的軍隊，吳國人十分驚慌，認爲自己沒有勝算。

此時，吳國將軍徐盛爲了要保衛家園，想出了個辦法，打算從首都至廣陵前沿河築起一道假城牆，並讓敵方以爲城牆後埋伏著大軍。

其他將軍聽了，並不看好這個辦法，認爲魏軍不可能被欺瞞。但是，徐盛不在乎，仍舊派人沿著河岸，築起了長達二百里的城牆，在牆後放置大批用稻草做的士兵，以及軍旗等等。

因爲徐盛只求能夠欺敵，才一天光景，就造出一道讓足以亂眞的城牆，並成功的讓敵人以爲城牆後面埋伏著大軍。

而另一邊，曹丕看到這道城牆和防守陣勢，也信以爲眞，說道：「我軍雖有許多勇敢善戰的將士，但如此堅固的防禦，算是天兵天將也難以擊破吧。」

於是，曹丕放棄了進攻吳國。

農民會在田裡豎起各式各樣的稻草人，用來防止鳥兒破壞農作物，這種使用障眼法來嚇退對方的計謀就叫僞裝。

這種手法在商場上更是層出不窮，成功運用的話，就能得到別人的信任和幫助，進而反敗爲勝。

但是，胡亂欺瞞對手不僅得不到好效果，反而會使自己處於不利的地位。

例如，某食品公司爲了欺騙消費大衆，就曾胡亂更改食品的產地，被人揭發而遭社會遣責，最終因爲業績不振而倒閉。

因此，我們對於欺敵的謀略更是要仔細的規劃。什麼時候、什麼事情可以欺瞞對手，都要了然於心，並且確實了解欺瞞對手的後果，千萬不可以貪圖一時的便利，隨意欺瞞對手，反而賠上企業的名譽。

建立品牌形象就是最好的商品代言

提高公司品牌的知名度，讓消費者認為自己的品牌是最優秀的，品質也是最好的，這樣商品的銷售量必能提高。

《孫子兵法．虛實篇》說：「作而之動靜之理。」

意思是，做任何使敵人出現兵形的工作，讓敵人有所回應，從敵人的回應中觀察其動態與靜態的兵勢，找到破敵的方法。

隋代末期，隋煬帝被突厥軍包圍。為了救援隋煬帝，各地武將紛紛行動，當時年僅十六歲的李世民，也是這些武將之一。

李世民在隋軍將軍雲定興的部隊從軍，他對雲定興建議說：「準備大量的軍旗和戰鼓，做出大軍佈陣的樣子，或許能把敵人嚇退。」

雲定興不認爲這項建議可行，但並未表示意見。

李世民看到雲定興的表情，心知他不認同自己的看法，於是繼續說服道：「上次，敵人大舉進攻，是因爲他們認爲無人救援天子。因此我軍就要針對他們的心態，把隊形前後擺開，讓軍容看來愈盛大愈好，偶爾故意讓敵人看見。白天，揮舞大量的軍旗，晚上就大擂戰鼓。讓敵軍認爲我們的援軍不斷聚集，又無法得知我軍的數量，敵軍軍心必定動搖，到時我們就可以乘勝追擊了。」

雲定興覺得有道理，就聽從了李世民的建議，用這種方式欺騙敵人。

另一邊，突厥軍的偵察兵看到雲定興軍隊有不斷增加的趨勢，慌忙向突厥可汗報告。突厥可汗信以爲眞，認爲自己沒辦法打贏對方，就急忙撤軍回北方去了。

人們對自己所接收到的訊息，一旦認爲那是正確的就會深信不疑。

這種心態其實也可以用於商品銷售方面。因爲人們大多是有品牌情結的，若要選購同樣性能的產品，總會挑大企業的產品，並且認爲大企業生產的商品品質一定會比較好。若是一家無名的公司，儘管可以製造出和新力公司品質、性能相同的數位相機，還是無法贏過新力在市場上的口碑。

因此，要提高商品銷售量，就要先從提高公司的品牌知名度做起。讓消費者認爲自己的品牌是最優秀的，品質也是最好的，這樣一來，消費者要購買相關商品時，就一定會指定公司的產品。

例如，某公司在車站張貼廣告，在電車的吊環扶手等處插入廣告，在車站前的大型螢幕上播放廣告，讓上下班的人不斷地看到該公司生產的商品，強力運作之下，消費者自然而然地認爲這項商品的品質有某種程度的保證。

這樣一來，消費者購買商品時，就會自然而然的選擇該公司的產品。

適時興風作浪，讓對手知難而退

「無風不起浪」，將此話倒過來說，如果有「浪」揚起的話，即便事實並沒有風，人們也會以為有「風」的存在。

《孫子兵法．虛實篇》說：「能使敵人不得至者，害之也。」

使敵人不敢來，是因爲敵人認爲他的形勢居下風，沒有取勝的把握，貿然進攻的話反而會損失慘重，因而不敢來。

蒙古將軍張柔進攻金國，攻下滿城，金國派出將軍武仙率數萬大軍欲收復滿城，趁著張柔軍隊全軍出動，城中守備薄弱時兵臨城下。

這時，滿城中僅剩士兵數百人，其他只是居住城中的百姓，面對金國大軍的包圍，實在是毫無勝算。

眼見情勢緊急，出動的軍隊又是遠水救不了近火，城中上下民心浮動，都認爲滿城必定失守。但張柔是個有見地的將領，表現得臨危不亂，命令城內的老人、婦女扮成士兵的模樣，立於城牆之上，假裝城內仍有許多的士兵守衛。

然後，張柔命令部份精兵繞到金軍背後，破壞他們的兵器。張柔自己則率領騎兵騎馬揮槍，一邊大喊，一邊衝入敵人的包圍。金軍士兵面對這種突然的攻勢，來不及反應，一個接一個地被砍倒。

除了這些攻勢以外，他還命令一部分士兵跑到山上，在山上插上許多軍旗，拿起樹枝掃起大量塵土，並且擂起戰鼓大聲吶喊：「援軍到了。」

金軍士兵見到沙塵飛揚，以爲眞的有蒙古大軍來援，震懾於蒙古軍隊的驍勇善戰，自認不敵而撤退。

像這樣拖曳樹枝捲起沙塵，讓原本人數不多的軍隊顯得聲勢浩大的做法，在世界各地都使用過。二次大戰中，德國將軍隆美爾也曾在北歐讓戰車拖曳樹枝，揚起漫天沙塵，假裝出大軍進軍的樣子，以此橫掃歐洲。

有句話說：「無風不起浪」，許多人都認爲這句話是正確的，並且牢記在心。所以，將這句話倒過來說，也能造成很大的效果。如果有「浪」揚起的話，即便事實並沒有風，人們也會相信有「風」的存在。因此，若能夠利用人們的這個心理成見欺瞞敵人的眼睛的話，即便處於劣勢，也有可能反敗爲勝。

在激烈競爭的商場上，有些企業爲了讓對立公司的執行長下台，而散發負面消息，製造出該執行長有醜聞的假象，迫使對方辭職，自己再趁機攻佔對手的市場，這也是欺騙對手的方式之一。

第一印象決定你日後的形象

我們只要表現出自己的長處，使對方產生良好的第一印象，就可使事情開始朝有利於自己的方向發展。

《孫子兵法．軍爭篇》說：「朝氣銳，晝氣惰，暮氣歸。」人的氣勢是不斷循環的，早上最爲猛銳，中午會顯得怠惰，而晚上就會衰竭。下面故事中的張齊賢就是了解這個道理，因此利用夜晚僞裝大軍抵達。値此之時，敵軍氣勢衰竭，又見到大軍，還沒開戰就已心生畏懼，自然就會失敗。

北宋年間，契丹軍攻打代州，代州知府張齊賢派人向名將潘美求援。然而，使者於途中被契丹軍抓獲。但是，沒過多久，潘美派遣的使者前來面見張齊賢，並對他說：「援軍一度出動，但皇上下令不得出兵，只好撤退了。」

張齊賢很失望，心想這不是逼自己走上絕路嗎？但絕望反而激發他的潛力，他突發奇想，對部下說道：「敵人只知道援軍正在趕來，並不知道援軍已經撤退，我們就利用這一點，要點小計謀，一定能夠成功。」

當天夜裡，張齊賢讓兩百名士兵，每人執多面軍旗和多束乾燥的草把，從代州出發，在西南三十里之外列陣，並在草把上點火。契丹軍的士兵看見許多的火把，並在這火光中看到上面飄著許多軍旗，以爲是潘美大軍來了，於是紛紛逃逸。

而張齊賢則在半途設下了二千伏兵，襲擊逃跑的契丹軍的士兵，契丹軍大敗。

這個故事告訴我們，競爭之中爲求成功，就要利用身邊所有的資源，將這個法則引伸到人際關係也是這樣的。

人們評估一個陌生人往往是根據自己的第一印象，而這個第一印象也決定了彼此是否能夠繼續往來，不僅如此，對於往來不甚密切的人來說，彼此留下的第一印象甚至會持續一輩子。因此，對出次見面的人，就要儘量表現出自己的長處和優點，使對方產生良好的第一印象，如果對方對自己抱持好感，接下來事情就會朝向有利於自己的方向發展。

第一印象的影響對一個社會新鮮人更是深遠，現代許多新進職員都不知商業禮儀，只要你肯下功夫去研究，不用特意去顯示，也會自然能反映出你的長處。這樣的話，即使交付你的不是什麼了不起的事，但你在上司眼中就會是個「挺有前途的人」，之後的工作與升遷就能順利許多。

但是，同樣是要表現自己，如果不能自然而然讓人家注意到你，不僅不能達到目的，還會產生反作用。如果你表現出「看！我懂這麼多懂商業禮儀」的自大的態度，讓人產生不好的印象之後，就很難再扭轉了。

隱藏自己的弱點不如積極改善

若被敵人抓住弱點，就一定會陷入困境。所以，企業一定會盡全力隱藏自己的弱點，不讓對手發現。

《孫子兵法．虛實篇》說：「策而知得失之計。」

策是籌劃、策度的意思，在開戰之前先估計雙方實力的強弱，再決定用什麼策略來應對。像下面故事中的檀道濟就因爲自己的實力無法和對方正面衝突，因而虛張聲勢、嚇退敵人，還讓敵人以爲有埋伏，而不敢妄動。

南北朝時代，劉宋將軍檀道濟率軍隊攻打北魏。

北魏軍的輕騎部隊截斷劉宋軍的前後連繫，燒光了他們的物資，劉宋軍隊因此

糧草不繼，不得不撤退。

這時，有一名士兵投降北魏，並且將劉宋軍的窘境全都講了出來。北魏軍知道劉宋軍的軍情後，認爲機會難得，想趁勝追擊。

劉宋士兵知道北魏的動向後，更是軍心渙散。檀道濟心知繼續下去的話，只要敵軍進攻，那自己的軍隊必定會全軍覆沒，於是想出一個辦法要欺騙北魏的將士，同時提升自己的士氣。他命令部下趁著夜晚在營區堆起一座座沙山，假裝是糧食，並大聲地一邊數著沙山的數量，一邊將剩下的米蓋於沙山上。

翌日清晨，北魏大軍追上劉宋軍隊，見其陣地上糧食堆積如山，以爲是投降的士兵騙了他們，就將投降的士兵殺死，急忙撤退，但並未解除他們的包圍網。

檀道濟嚇退了北魏的追擊，但是，兩方兵力相差實在太懸殊，士兵們都擔心不能突破北魏軍的包圍。這時，檀道濟命所有的士兵解除武裝，穿上白衣服，將武器拴於腰上，然後帶領全軍若無其事地通過北魏的包圍。

北魏軍以爲這是誘敵的圈套，不禁心生懷疑，不敢攻擊劉宋軍，猶豫之間竟讓他們通過自己的包圍。

若被敵人抓住弱點猛力攻擊，就一定會陷入困境。所以，企業一定會盡全力隱藏自己的弱點，不讓對手發現。

許多財務資訊不會完全揭露的企業，對自己經營上的弱點更是保密到家。這些企業會對外發佈獨立的財務報表，同時將自己公司的虧損轉入子公司，營造出企業正在獲利的假象，實際上企業的經營狀況並不理想。

但是，如果只是一味地隱藏，那就無法突破困境，要是企業的弱點被對手發現，更會面對倒閉的危機。因此，經營者要想克服困境，就要回到企業的原點來思考。一個企業之所以能成立，根本是資金，設備，人力，還有市場。尋找企業重生的根本辦法不是掩飾過去，而是要從這些要素中想出起死回生之計。

例如，開發商品並尋找市場、精簡組織並拔擢有能力的人才、聘請新的管理階層為公司注入嶄新的企業文化等等，都是能讓企業重獲新生的方法。

決定要果斷，更要勇於冒險

許多人都會在關鍵時刻猶豫不決，結果錯過了良機，事後再來搥胸頓足，後悔不已。然而，不管你再怎麼後悔，還是無濟於事。

《孫子兵法・地形篇》說：「料敵制勝，計險阨遠近，上將之道也。」猜測敵人的動態，計算地形的影響之後決定戰術，這是身爲將領的責任，下列故事中，看出局勢的張須陀果斷地下達命令，這是他的長處。

隋末，盧明月叛亂，率大軍攻打下邳。隋朝將軍張須陀率軍與盧明月對抗，但軍隊人數只有盧明月大軍十分之一。

張須陀在離敵陣六、七里左右的地方建造了陣地，持續十多天和盧明月部隊相互對峙，但是，糧食補給不繼，軍隊不得不撤退。

於是，張須陀召集將士說：「敵軍看到我軍撤退，一定會立刻追擊。但是，這樣的話，敵軍後方防守就薄弱了。若派部隊襲擊敵軍營寨的話，必然能取勝。不過，這是項危險的任務，有誰可以擔當這個重任呢？」

將士們都不敢作聲，最後秦叔寶和羅士信兩人挺身而出，表示願意擔當重任。張須陀就派五千精兵給他們，讓他們悄悄隱藏於草叢中，接著大軍就開始撤退了。

盧明月一得知張須陀軍撤軍，立即率大軍追擊，留守營寨的士兵不多，守備薄弱。秦叔寶和羅士信趁此機對敵營寨發起突襲，在兵營放火。

看見大火在軍營蔓延，盧明月連忙撤退搶救營寨，就在此時，張須陀的軍隊立即反攻，終於大破盧軍。

正所謂「高風險高報酬」，肯冒險，才能獲得到勝利。

就如故事裡的張須陀，雖然比較兩軍的實力處於下風，但是，他能夠準確的判斷局勢，並且敢放手一搏，因此獲得了讓衆人意外的勝利，如果他不敢冒險，那麼最後必然是以落敗收場。

許多人都會在關鍵時刻猶豫不決，結果錯過了良機，事後再來搥胸頓足，後悔不已。然而，不管再怎麼後悔，只要沒有冒險精神與判斷能力，在當下做出決定，結果還是無濟於事，因此，平日就應訓練自己的冒險精神與判斷的能力。

要達成這些能力，不妨先加入一個小團體，並要求自己成爲團體的幹部，同時策劃一些小活動，訓練自己的決斷力。

像這樣的小決定即便失敗了，也不會有多大的危害。只要你能下定決心去執行，就能逐漸習慣於決策與冒險，到了關鍵時刻就不會再猶豫了。

短視近利只會自取滅亡

看到有利可圖就一定要加入，這種心態其實並不明智。我們一定要將眼光放遠，要看出未來的商機，才能讓自己走在時代的前端。

《孫子兵法．軍爭篇》說：「餌兵勿食。」

魚爲什麼會上鉤就是因爲貪吃，而這種貪慾，用在戰爭上就是「貪功」，利用對方貪功的心理，輔以虛實戰略，便能取勝，這也正是孫子之所以告誡爲將者「餌兵勿食」的原因。

唐代初期，竇建德率十萬大軍進攻范陽，唐朝將軍薛萬均和羅藝前往迎擊。薛萬均對羅藝說：「敵人有十萬大軍，如果眞正打起來，我們恐怕輸多贏少。

只能用計與其作戰，你讓弱兵跟隨你於對岸的城裡佈陣，幫我把敵軍誘出，我率精銳騎兵隱於城牆旁。若敵人渡河來襲，就在他們渡過一半的時候對他們發起突襲。如此，一定能大破敵軍。」

羅藝認爲可行，就依計行事。

果然，竇建德見對岸城裡都是弱兵老將，認爲能輕易取勝，便準備渡河。見到敵軍的動作，薛萬均立刻命軍隊發動突襲。

已經上岸的士兵尚未準備好，就意外地遭到襲擊，大吃一驚逃回河中，而河中的士兵不知有突襲，仍繼續前進。因此，前後士兵於河中相撞，破壞了軍隊的陣形，竇建德這場戰爭只能以慘敗收場。

竇建德看到勝利的機會，就著急的進攻，並不去判斷眞假，最後反而使自己陷入進退不得的處境。商場上這樣的例子也隨處可見，當初葡式蛋塔流行的時候，商

家一窩蜂的加入這個市場，並沒有考慮到這波流行退去之後自己該怎麼辦，所以當葡式蛋塔不那麼風行的時候，許多蛋塔專賣店也就應聲倒閉。

因此，看到有利可圖就一定要加入，這種心態其實並不明智。一定要將眼光放遠，要看出未來的商機，讓自己走在時代的前端，不要因為短視近利，讓自己陷入「流行的陷阱」。

當日本的香皂製造商因為新式的製造方式成本低、製造數量多，速度又快，紛紛放棄傳統的製作方式，用大量生產的方式賺取利潤。但SIPO公司對於這種短視近利的做法並不認同，認為傳統的香皂自然而無污染，因此一直堅持傳統的製作方法，並且花費了大量經費研發新產品，提高商品的品質。

當時SIPO做了很多努力，但對手是廉價的香皂，因此銷售量一直沒有起色。

直到環境以及化學界面活性劑對身體造成傷害等種種問題引起人們注意時，人們又將目光轉回到傳統肥皂，因為傳統肥皂對環境、健康都有幫助，於是SIPO搖身一變，成為眾多消費者的新寵，成功地提高了銷售量。

找出機會，把握機會

若能抓住機會，就可輕易地取勝。但不能消極地等待機會的到來，應當積極地行動，努力抓住機會。

《孫子兵法．九地篇》有句名言說：「兵之情主速，乘人之不及，由不虞之道，攻其所不戒也。」

兵貴神速，在敵人來不及反應時，由敵人意想不到的道路進攻，在敵人沒有準備的情況下，攻擊他的弱點。

下列故事中的李存勗就是因爲能把握住時機，一舉進攻，才能大獲全勝。

五代十國時代，後唐國君李存勗攻打後梁。後梁軍迎擊後唐軍，據守戰場上的險要地形，絕非一時半刻就能擊敗。

見此狀，後唐軍的士兵臉上露出不安的神色，而且將軍們一回到陣地，都不希望第二日再度作戰。但是，後唐將軍閻寶分析說：「我軍人數較少，確實不利。但是，敵人的騎軍已不在了，敵陣中僅剩下步兵。而且長期征戰之下，他們必定十分疲倦，都想回家，毫無鬥志。如果我們以精兵發動攻擊的話，必定能打敗他們。相反的，要是我軍撤退的話，敵人必趁此機會窮追不捨，我軍一定會受到重創。既然我們已經知道敵情了，就不能再猶豫了，陛下，消滅後梁能否成功，就取決於這一戰了。請陛下決斷。」

李存勗聽了之後便下了決定說：「依你所說的行動吧。」

不久，後唐軍突襲後梁軍，取得勝利。

由此可見，若能抓住機會，就可輕易地取勝。但不能消極地等待機會的到來，

應當積極地行動，努力抓住機會。

有一個故事說，王先生與李先生爲了開拓新市場，計劃要到某國去賣鞋子，但是，到那裡一看，才發現這個國家的人沒有穿鞋的習慣。於是，王先生回到總公司報告說：「那些人沒有穿鞋子的習慣。恐怕賣不出去。」

然而，李先生的報告卻說：「現在沒有半個人穿鞋子，正是可以大量賣鞋的好時機。」於是，公司馬上投入資金進行銷售，最後佔領了市場。

如上所述，即便狀況相同，也可能產生不同的看法。

即使你覺得毫無機會，也應該換個角度考慮，看看自己的認知是否正確。也許，幸運女神正躲在後面偷偷地對你微笑。

若發現機會，就要馬上行動，認眞對待每一個機會。如果還在猶豫，懷疑是否眞是良機，就會讓機會白白溜走。

你在意的是人才，還是雞蛋？

許多人常常幹出拘泥於「兩個雞蛋」而放棄人才的蠢事，在處理日常工作和人際關係的時候，不妨寬容一些，大度一些。

《孫子兵法．火攻篇》說：「合於利而動，不合於利而止。怒可以復喜，慍可以復悅，亡國不可以復存，死者不可以復生。」

這段話強調，身為領導者不能感情用事，用人之時也不能讓本身的好惡左右，一切以符合團體利益為準則。因為，惱怒之後可以轉怒為喜，怨恨之後也可以轉恨為悅，但團體滅亡了就沒有東山再起的可能了。

相傳子思住在衛國任職的時候，曾經向衛王推薦苟變。他對衛王說：「苟變的

才能足以率領五百輛戰車，大王不妨任命他爲軍隊的統帥。如果您能得到這個人襄助，就可以天下無敵。」

衛王猶豫了一下，說道：「我知道苟戀的才能足以成爲統帥，但是，他以前當過地方小吏，去老百姓家收賦稅時，吃過人家兩個雞蛋，所以這個人操守有瑕疵，我認爲實在不宜重用。」

子思聽了又好氣又好笑，分析利弊得失說：「聖明的國君在選擇人才時，就像木工挑選材料一樣，重點是用它可以用的部分，捨棄不可用的部分，所以像杞樹、梓樹之類的材質，有的縱使已經腐爛了，高明的木匠並不會因此而扔掉它，因爲它有用的部分最後還可以做成精美的器具。如果只因爲執著兩個雞蛋就捨棄可以爲衛國所用的將才，這種蠢事絕對不可讓鄰國知道，否則一定淪爲笑柄！」

衛王聽了之後，覺得頗有道理，於是便聽從子思的薦舉，重用苟戀爲大將軍。

要不是衛王還有一點智慧和肚量，能夠虛心納諫，就可能會因爲兩個雞蛋而喪失一個不可多得的軍事統帥，而衛國的命運就將以另外一種更加不堪的面貌，出現在春秋時期的歷史上。

事實上，許多人在用人的時候，常常幹出拘泥於「兩個雞蛋」而放棄人才的蠢事，只是程度略有不同罷了。作爲領導者，尤其是掌握大權的領導者，在處理日常工作和人際關係的時候，不妨寬容一些，大度一些，「糊塗」一些。有容人的肚量，才會理解一個人的優缺點；理解如何善用他的優點之後，彼此才能進行有效的溝通，填平橫阻在眼前的各種鴻溝，拉近彼此之間的距離。

如此一來，領導者在衆人心中的威望，自然而然就會提高許多，威信自然就建立了，而且對於部屬來說，也會由於獲得任用而心生感激，把你交付的任務當成自己應該肩負的使命來做。一旦自己的工作做得不好，就會於心有愧，更加認眞努力研究如何將工作做到盡善盡美。

Be Human by Wisdom

Thick Black Theory is a philosophical treatise written by Li Zongwu, a disgruntled politician and scholar born at the end of Qing dynasty. It was published in China in 1911, the year of the Xinhai revolution, when the Qing dynasty was overthrown.

活學活用

多一點心眼，才會多一分勝算

人性厚黑學

人際應用篇

莎士比亞說過一句名言：

「世界是個大舞台，每個人都要在這個舞台上演好自己的角色。」

想要在現實的社會左右逢源，就必須知道自己正在扮演什麼角色，要如何才能以最低成本獲得最高效益。

許多人在人生道路上跌跌撞撞，處處碰壁，最根本的原因並不是能力不足或不夠努力，而是欠缺良好的人際關係，無法讓自己的付出發揮最大的價值。

Thick Black Theory is a philosophical treatise written by Li Zongwu, a disgruntled politician and scholar born at the end of Qing dynasty. It was published in China in 1911, the year of the Xinhai revolution, when the Qing dynasty was overthrown.

公孫先生 編著

活學活用孫子兵法全集

作　　者　王　照
社　　長　陳維都
藝術總監　黃聖文
編輯總監　王　凌
出 版 者　普天出版家族有限公司
新北市汐止區忠二街 6 巷 15 號
TEL / (02) 26435033 (代表號)
FAX / (02) 26486465
E-mail：asia.books@msa.hinet.net
http://www.popu.com.tw/
郵政劃撥 19091443 陳維都帳戶
總 經 銷　旭昇圖書有限公司
新北市中和區中山路二段 352 號 2F
TEL / (02) 22451480 (代表號)
FAX / (02) 22451479
E-mail：s1686688@ms31.hinet.net
法律顧問　西華律師事務所・黃憲男律師
電腦排版　巨新電腦排版有限公司
印製裝訂　久裕印刷事業有限公司
出 版 日　2021 (民 110) 年 4 月第 1 版
ISBN◉978-986-389-770-5　　條碼 9789863897705

國家圖書館出版品預行編目資料

活學活用孫子兵法全集／
王照著.—第 1 版.—：新北市,普天出版
民 110.4 面； 公分. -（智謀經典；41）
ISBN◉978-986-389-766-8(平裝)

普天之下・盡是好書

普天出版家族
Popular Press Family

凌雲文創
A-Plus Creative Company